中国应用经济学自主知识体系丛书
中国人民大学“十三五”规划教材——核心教材

能源与气候变化概论

Introduction to Energy and Climate Change

陈占明　主编

科学出版社
北京

内 容 简 介

本书为读者介绍能源与气候变化领域的基本概念、科学原理和工程技术实践。全书共 4 篇：第一篇介绍能量、能源与气候变化的基本知识；第二篇介绍煤炭、石油和天然气三种化石能源；第三篇介绍水能、核能、太阳能、风能等非化石能源；第四篇从外部性、项目成本分析以及能源和碳经济等方面介绍能源、碳排放与社会的关联。书中既有丰富的数据和图表，又有生动的案例和练习，可以帮助读者深入理解能源与气候变化的重要性和挑战性，以及如何解决和应对这些问题。

本书适合作为能源经济学、碳经济学、人口资源与环境经济学、气候变化经济学等相关专业的本科及研究生教材，也适合作为广大对能源与气候变化感兴趣的读者的参考书。

图书在版编目(CIP)数据

能源与气候变化概论/陈占明主编. —北京：科学出版社，2025.6
（中国应用经济学自主知识体系丛书）
中国人民大学“十三五”规划教材：核心教材
ISBN 978-7-03-076402-7

Ⅰ. ①能… Ⅱ. ①陈… Ⅲ. ①能源-高等学校-教材②气候变化-高等学校-教材 Ⅳ. ①TK01②P467

中国国家版本馆 CIP 数据核字(2023)第 174294 号

责任编辑：方小丽　郭学雯／责任校对：郝甜甜
责任印制：张　伟／封面设计：楠竹文化

科学出版社 出版
北京东黄城根北街 16 号
邮政编码：100717
http://www.sciencep.com
涿州市般润文化传播有限公司印刷
科学出版社发行　各地新华书店经销
*
2025 年 6 月第　一　版　开本：787×1092　1/16
2025 年 6 月第一次印刷　印张：11 3/4
字数：279 000
定价：58.00 元
(如有印装质量问题，我社负责调换)

前　言

能源与气候变化是当前全球共同面对且紧密关联的两大挑战——能源的使用是人类活动导致气候变化的重要因素之一，而气候变化及其应对又对能源使用提出了新的要求。能源既是现代社会经济中最基本的生产要素之一，也是人们生活中最基础的消费品之一，如何在可负担的成本下以环境友好的方式获得充足的能源，成为人们利用能源过程中面临的最重要问题——即如何破解“能源不可能三角”。与此同时，随着越来越多的科学证据表明，人类活动引起了气候变化且气候变化又会对人类社会造成严重影响，各国政府和国际组织都在采取措施进行应对，但应对气候变化的经济、技术，甚至伦理路径选择仍然是人们争论的问题。

为应对上述两大挑战，近年来，我国积极推进能源经济学与碳经济学的学科发展，通过构建中国自主的能源经济与碳经济知识体系，立足现实国情，探索破解“能源不可能三角”与合理应对气候变化的“中国方案”。而掌握能源与气候变化的基本概念、相关原理与工程技术实践，是理解和运用“中国方案”的基础，本教材针对能源经济学、碳经济学以及相关学科的本科及研究生，对相关内容进行概论性介绍，并提供了最新的数据以及现实案例，帮助读者深入理解相关问题的重要性和挑战性。本教材的编写和使用是“扎根中国大地办大学，走出一条建设中国特色、世界一流大学的新路”(习近平总书记 2022 年 4 月 25 日在中国人民大学考察调研讲话) 的尝试。中国自主的教材是建设世界一流大学，培养具有全球竞争力的高水平人才与社会主义现代化建设者的核心要素。

本教材共十二章，每三章为一篇。第一篇主题是能量、能源与气候变化概述，其中第一章首先对物理学中最基本的概念之一——能量进行介绍，这一概念对理解本教材的两大主题——能源及气候变化非常重要；第二章紧接着介绍能源的基本知识、计量单位以及常见的两种宏观统计范式；第三章则介绍气候变化的概念、成因及影响。第二篇主题为化石能源，第四章至第六章从基本知识、生产和使用三个方面分别介绍煤炭、石油和天然气三种化石能源。第三篇主题为非化石能源，其中第七章和第八章详细介绍水能和核能这两种当前全球使用量最大的非化石能源；而第九章则对太阳能、风能、地热能和生物质能这四种快速发展的非化石能源进行介绍。第四篇主题为能源、碳排放与社会，其中第十章介绍能源的外部性，并对能源造成的空气污染和气候变化进行重点介绍；第十一章结合贴现、能源平准化成本和碳减排成本三个核心概念介绍能源与碳排放的项目成本分析；第十二章作为本教材最后一章，对能源经济及碳经济进行概括性介绍，并提供大量的数据。

本教材脱胎于“能源技术概论/能源技术与工程”和“碳科学与技术概论”课程讲稿，其顺利出版是参与课程的各位老师和同学集体智慧的结晶。“能源技术概论”课程自 2013 年秋季学期开始作为中国人民大学能源经济学专业本科生的核心课程开设，同时也开放给其他专业的同学进行选修，至 2020 年春季开始，课程改名为“能源技术与工程”。“碳科学与技术概论”自 2024 年秋季学期开始作为中国人民大学碳经济专业硕士研究生的必修课程开设。截至书稿完成时两门课程共计开设 14 次，在此过程中，中国人民大学应用经济学院能源经济系的各位老师先后参与了课程大纲设计、课件讲稿准备、课程讲授以及听课反馈等工作。在过去的 14 次课程中，有超过 400 名同学与我们共同学习，这些机敏、好学的同学既是编写本教材的驱动力，也是本教材内容的检测者，很多同学对课程内容和形式提出了有益的建议；2015 年秋季、2019~2021 年春季以及 2023 年春季学期参与课程的同学还参与了课程讲稿的整理和撰写工作，其中马健洪、于毅、杨玉刚、陈淞滢、卢东妍、潘熠、叶财博、杨宇晗几位同学参与了烦琐的统稿工作。在此，我们向与本教材共同成长，并对本教材做出贡献的同学们，致以特别感谢！

在教材编写过程中，我们深感荣幸能够获得南方电网能源发展研究院有限责任公司提供的珍贵案例。这些实践案例不仅极大地丰富了教材的内容内涵，更显著提升了其在实际应用中的指导价值。在此，我们衷心感谢南方电网能源发展研究院有限责任公司的陈政、冷媛、卢治霖对本教材编写工作给予的无私支持与充分信任。

此外，在教材的校审环节，我们有幸得到广西防城港核电有限公司总经理助理刘瑞峡、金风科技集团有限公司首席人才官胡江、优能联合碳资产管理（北京）有限公司总经理周江波的专业指导与帮助，他们的洞见为教材的完善提供了重要助力，在此谨致诚挚谢意。

在教材编撰过程中，我们系统参考了大量国内外文献资料，并已在参考文献部分尽可能详尽地标注来源。在此，我们向所有被引用文献的作者致以崇高敬意。若存在个别资料未能在参考文献中准确标注的情况，谨在此深表歉意，并承诺在后续修订版本中逐一补充完善。

本教材的出版得到了中国人民大学“十三五”本科规划教材立项项目和国家“万人计划”青年拔尖人才项目经费的支持。

限于我们的知识修养和学术水平，本教材难免存在缺陷与不足，恳请各位同仁和读者批评指正。本教材部分内容已经形成了教学幻灯片和其他电子资料，对于使用相关教学素材感兴趣的老师和同学欢迎通过电子邮件 (chenzhanming@ruc.edu.cn) 联系编者索取。

编 者

2025 年 3 月

目　　录

第一篇　能量、能源与气候变化概述

第二篇 化 石 能 源

第三篇　非化石能源

第一篇

能量、能源与气候变化概述

第一章 能量概述

本章提要

- 物理学中，某一个物理系统对其他物理系统做功的能力往往用能量体现。
- 能量的常见形式包括机械能、热能、电能、辐射能、化学能、核能。
- 能量既可以进行形式的转换，也可以进行空间上的转换 (即能量的传递/传输) 和时间上的转换 (即能量的储存)。
- 热力学是一门专门研究热能向其他能量形式转换及其规律的学科。
- 热力学第一定律是指热量可以从一个物体传递到另一个物体，也可以与机械能或其他能量互相转换，但是在转换过程中，能量的总值保持不变。
- 热力学第二定律阐明与热现象相关的各种过程进行的方向、条件及限度。
- 热力学第三定律说明绝对零度 (−273.15℃) 存在，但绝对零度永远不可能达到。
- 卡诺循环是指只有两个热源的理想简单循环，包括定温吸热、绝热膨胀、定温放热、绝热压缩四个过程。
- 卡诺循环是一个理想循环，无法实现，但它指明了提高热机循环的热效率的方向。

第一节 能量基本知识

一、人类对能量的认识历程

在物理学中，能量是一个间接观察到的物理量，某一个物理系统对其他物理系统做功的能力往往用能量体现。能量是一个守恒量，能量守恒与转换定律指出，能量可以转化为其他形式，但不能创造或毁灭。能量的国际单位是焦耳 (Joule，符号为 J)，1J 是指推动物体在 1N 的力作用下沿力的方向移动 1m 所需要的能量。

在两千多年前，古希腊的哲学家便开始思考物质和运动的本质。活跃在公元前 6 世纪的赫拉克利特 (Heraclitus) 提出了宇宙中的一切都在持续变化，永远不会停止，这为后来科学领域对能量的理解提供了启示。公元前 4 世纪，亚里士多德 (Aristotle) 提出 ἐνέργεια(energeia) 的概念，意指 “能力的实现”，这可以被认为是两千多年后才出现的现代 “能量” 概念的前身。

在大约 17 世纪，伽利略 · 伽利莱 (Galileo Galilei) 和艾萨克 · 牛顿 (Isaac Newton) 先后研究了物体的运动和力的相互作用，在质量、加速度、动量等概念基础上发展了经典力学的基本原理。戈特弗里德 · 莱布尼茨 (Gottfried Leibniz) 基于其对力学和运动的研究，使用拉丁文 vis viva(活力) 的概念来表示由物体的速度和质量决定的一种能力。1807 年，托马斯 · 杨 (Thomas Young) 在其出版的《自然哲学讲义》(*Lectures on Natural Philosophy*) 中使用 energy 这个术语来代替 vis viva，并使得这一现代的能量概念得到普及。

经典力学以及现代能量概念的发展为 19 世纪热力学的发展提供了重要的基础。1824 年，法国工程师尼古拉 · 卡诺 (Nicolas Carnot) 研究了理想化热机的效率，并引入了热量和功的概念。在 19 世纪 40 年代左右，詹姆斯 · 焦耳 (James Joule)、罗伯特 · 迈耶 (Robert Mayer)、路德维格 · 科尔丁 (Ludwig Colding)、赫尔曼 · 冯 · 亥姆霍兹 (Hermann von Helmholtz) 等为能量的守恒与转换定律的发现做出重要的贡献，从而帮助人类更好地认清了能量的本质。随后德国物理学家鲁道夫 · 克劳修斯 (Rudolf Clausius)、英国物理学家威廉 · 汤姆孙 (William Thomson，1892 年被封为拉格斯的开尔文男爵，后常被称为开尔文勋爵) 等则分别提出了热力学第二定律的不同表述。

到了 20 世纪，相对论和量子力学的发展引起了人们对能量概念的重新思考。爱因斯坦的相对论提出了质量与能量之间的等价关系 ($E = mc^2$)，揭示了质量本质上是一种能量形式，为核能发展提供了理论基础。量子力学则探究了微观粒子和能量的行为，引入了能级、量子态和能量量子化等概念。

二、能量基本形式

能量的常见形式包括：机械能 (mechanical energy)、热能 (thermal energy)、电能 (electric energy)、辐射能 (radiant energy)、化学能 (chemical energy)、核能 (nuclear energy)。

(一) 机械能

机械能是与物体宏观机械运动或空间状态相关的能量，前者称为动能 (kinetic energy)，后者称为势能 (potential energy)。

1. 动能

运动物体的**动能**可以用下式计算：

$$E_{\mathrm{k}} = \frac{1}{2}mv^2$$

其中，m 为物体的质量；v 为物体的运动速度。

2. 势能

常见的势能包括重力势能和弹性势能。**重力势能**可以用下式计算：

$$E_{\mathrm{p}} = mgH$$

其中，m 为物体的质量；g 为重力加速度；H 为高度差。

弹性势能的计算式为

$$E_{\tau} = \frac{1}{2}kx^2$$

其中，k 为弹性系数；x 为形变量。

(二) 热能

构成物质的微观分子运动的动能和势能的总和称为热能。这种能量的宏观表现是温度的高低，它反映了分子运动的激烈程度。如图 1-1 所示，温度越高，分子运动越激烈。

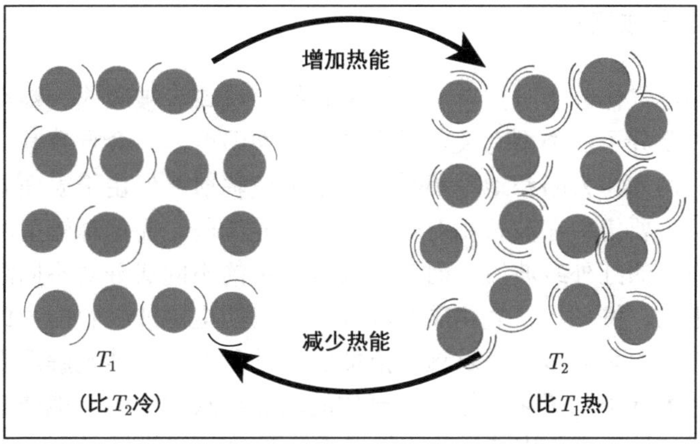

图 1-1 微观粒子状态与热能示意图

通常一个系统在特定过程中增加的热能可用以下形式来表达：

$$E_q = \int T\mathrm{d}S$$

其中，T 表示系统的热力学温度；S 称为熵，是表示系统混乱程度的参数。

(三) 电能

电能是与电子的流动和积累有关的一种能量，可以由电池中的化学能转换而来，或是通过发电机由机械能转换得到；反之，电能也可以通过电动机转换为机械能或通过电阻转换为热能，从而显示出电流做功的本领。电能的计算公式为

$$E_\mathrm{e} = UIt$$

其中，U 表示电压；I 表示电流；t 表示做功时间。根据上式，我们也可以很容易计算出电能做功的功率：

$$P_\mathrm{e} = UI$$

(四) 辐射能

辐射能是物体以电磁波形式发射的能量，只要是自身温度大于绝对零度的物体都会发射电磁波，而世界上并不存在温度等于或低于绝对零度的物体，因此，所有的物体时刻都在发射电磁波从而释放辐射能。可通过以下公式计算辐射能功率

$$P = \varepsilon\sigma AT^4$$

其中，P 为辐射能功率；ε 为物体表面的辐射率；σ 为斯特藩–玻尔兹曼常数 (约 $5.67 \times 10^{-8}\ \mathrm{W/(m^2{\cdot}K^4)}$)；$A$ 为物体表面积；T 为物体表面的热力学温度。

扩展阅读 辐射能与气候变化

当电磁波通过气体分子时，有一定概率直接穿透或者被吸收、被反射，其概率与电磁波的波长以及分子的类型有关。通常物体表面温度差异会导致其辐射的电磁波波长分布也不同，例如，太阳和地球都会产生电磁波辐射，但由于表面温度的差异，太阳辐射的电磁波主要集中在波长相对较短的可见光波段，而地球辐射的电磁波主要集中在波长相对较长的红外线波段。而地球大气层中的不同成分对不同波长的电磁波的吸收概率差别很大，例如，二氧化碳对红外线波段的电磁波吸收能力比对可见光波段的电磁波吸收能力要强得多。了解这一点能够帮助我们更好地理解后面将要介绍的大气温室效应——大气中二氧化碳等温室气体的增加导致大气层对地球辐射的吸收加强了，减少了地球向外太空输出能量的辐射功率，导致地球能量积聚而增温。

练习题 人体热辐射

1. 辐射能强度与物体温度的四次方呈比例关系，例如，人体向外辐射能量的净功率公式为 $P=\varepsilon\sigma A(T^4-T_0^4)$，其中人体表面的辐射率 ε 取值约为 0.97，σ 为斯特藩–玻尔兹曼常数，人体表面积 A 通常为 1.5~2m^2，T 和 T_0 分别为人体表面和周围环境的热力学温度。试计算人体对外的热辐射平均功率。

2. 若将太阳视为一个半径为 70 万 km、表面温度为 5700K 的黑体 (辐射率为 1)，已知太阳到地球的平均距离是 1.5 亿 km，试估算太阳垂直射向地球的辐射能功率是多少。

(五) 化学能

化学能是物质结构能的一种，即原子核外进行化学变化时放出的能量。按化学热力学定义，物质或物系在化学反应过程中以热能形式释放的内能称为化学能。

扩展阅读 高/低位发热值

化石燃料中一般含有水或者氢元素，因此它们的燃烧生成物中通常会出现水分子。在简单的燃烧设备中，一部分燃料燃烧释放出来的能量被用来将水转化为蒸汽，因此有一部分化学能 (通常占 5%~10%) 转化为水蒸气的热能而无法为发动机或发电机提供动力。而在先进的燃烧系统中，可以捕捉蒸汽并将其冷凝为常温液态水，使这部分热能被利用，从而能够使用燃烧产生的接近 100%的可用能量。

因此，当我们考虑化石燃料燃烧可以提供的能量时，需要知道燃烧系统是否具有冷凝器用于捕捉蒸汽，当系统没有冷凝器时，可利用的能量称为 “低位发热值”(lower heating value, LHV)，而具有冷凝器时，可利用的能量则称为 “高位发热值”(higher heating value, HHV)。

表 1-1 是典型燃料的常见高、低位发热值 (注意在很多统计资料中，如无明确说明，中国一般列出的是低位发热值，美国一般列出的是高位发热值)。

表 1-1 典型燃料的常见高、低位发热值

		高位发热值	低位发热值
气体燃料	天然气	38 ~ 40 MJ/m^3	34 ~ 36 MJ/m^3
液体燃料	液化石油气 (LPG)	46 ~ 48 MJ/kg	42 ~ 44 MJ/kg
	汽油	44 ~ 46 MJ/kg	41 ~ 43 MJ/kg
	柴油	42 ~ 44 MJ/kg	39 ~ 41 MJ/kg
	重油	40 ~ 42 MJ/kg	37 ~ 39 MJ/kg
固体燃料	煤炭 (烟煤)	25 ~ 32 MJ/kg	23 ~ 30 MJ/kg
	煤炭 (无烟煤)	23 ~ 30 MJ/kg	21 ~ 28 MJ/kg
	生物质燃料 (如木屑)	16 ~ 18 MJ/kg	14 ~ 16 MJ/kg

(六) 核能

核能是蕴藏在原子核内部的物质结构能。如图 1-2 所示，轻质量的原子核 (氘、氚等) 和重质量的原子核 (铀等) 的平均结合力比中等质量原子核的小，这两类原子核在一定的条件下可以通过核聚变和核裂变转变为在自然界中更稳定的中等质量原子核，同时释放出巨大的结合能，这就是核能 (图 1-3)。

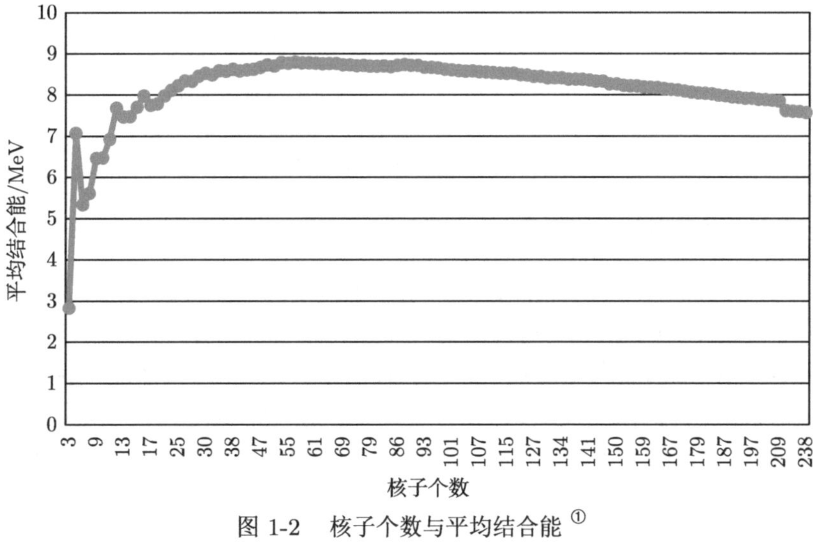

图 1-2 核子个数与平均结合能 ①

三、能量的转换

狭义的能量转换是指能量形式的转换 (transform)。而广义的能量转换还包括能量在空间上的转换 (即能量的传递/传输 (transfer/transmission)) 和能量在时间上的转换 (即能量的储存 (storage))。基本能量转换方式见图 1-4。

① 数据来源：Ghahramany N, Gharaati S, Ghanaatian M. New approach to nuclear binding energy in integrated nuclear model[J]. Journal of Theoretical and Applied Physics, 2012, 6(1): 3。

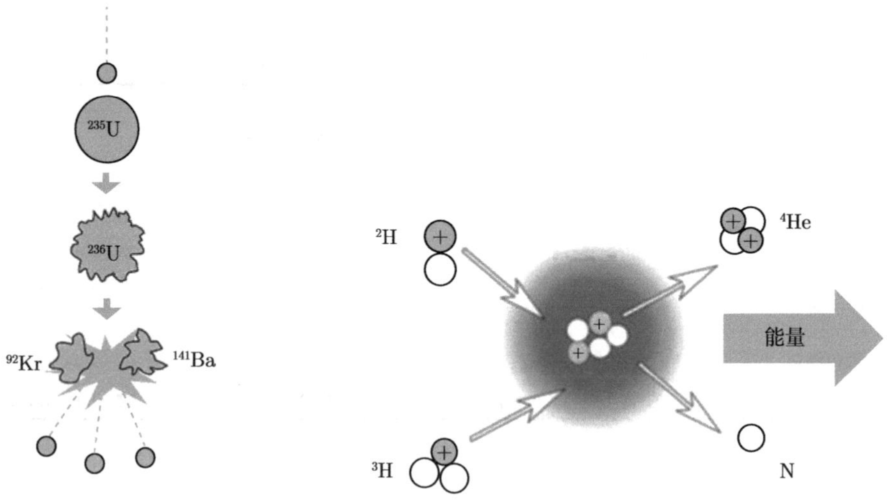

(a) 铀–235 核裂变　　(b) 氘–氚核聚变

图 1-3　核裂变与核聚变示例

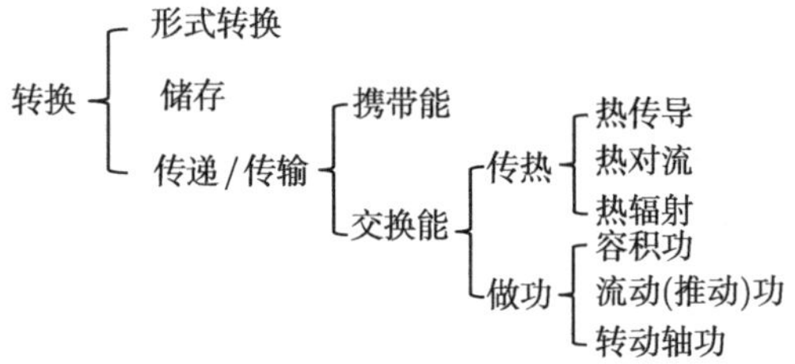

图 1-4　能量转换示意图

(一) 能量形式的转换

自然界中存在不同的能量形式，在一定条件下，不同能量形式之间可以彼此互相转化(图 1-5)。例如，通常燃煤发电的过程就包括：煤在锅炉内燃烧将化学能转换为热能并提供给水生成蒸汽，蒸汽推动蒸汽轮机转子将热能转换为机械能，这些机械能被传递给发电机后通过线圈切割磁场将机械能转换为电能。其他能源转换过程包括: 电动机把电能转变为机械能，电热器把电能转变为热能，蓄电池把电能转变为化学能，电灯把电能转换成辐射能，核反应堆把核能转变成热能, 等等。这些锅炉、蒸汽轮机、发电机、电动机、电热器、蓄电池、电灯、核反应堆就是能量转换装置。可见，能量转换装置就是把能量从一种形式转换为另一种形式的装置。在确定了能量转换形式的前提下，能量转换装置决定了输出能量的效率和品质，开发能源的一个重要任务就是改进能量转换装置。

能量转化必须遵守能量守恒和转化定律，即能量只能从一种形式转化成另一种形式，既不能创生，也不能消灭。据此，能量转换过程往往需要满足如下要求：尽可能提高转换效率，以便减少损失，获得更多的有用能量；要求换能器转换速度快，以便在短时间内转换更多的能量，达到高功率和高能量密度；具有灵活性，可按能量的需求多用多供，少用少供；要求不污染或少污染环境；尽可能造价低，经济合算。

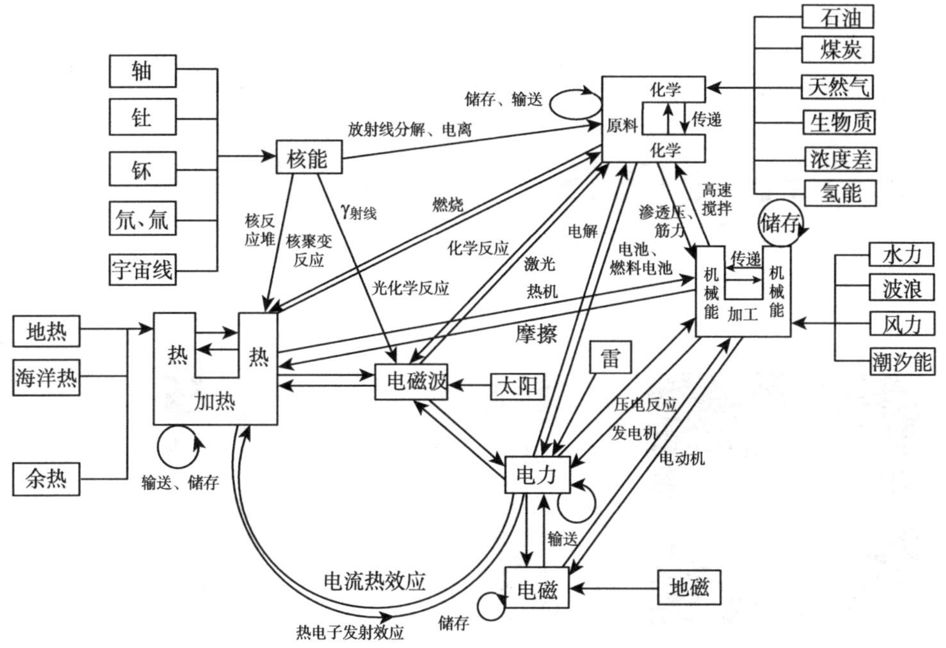

图 1-5 常见能量形式转换途径

(二) 能量的传递/传输

能量传递是有方向性的，在有能量密度差 (势差) 的条件下，能量总是从能量密度大的物质或地方，向能量密度小的物质或地方传递；总是从集中到分散并逐步达到平衡。能量传递的速率正比于传递的动力而反比于传递的阻力。

在热力学中，能量传递的途径主要有两条：由物质交换和质量运输而携带的能量；在体系边界面上的能量交换。通过能量交换而实现的能量传递包括传热和做功，其具体方式包括六种：热传导——分子之间传递振动能引起传热的结果；热对流——宏观运动引起流体相对位移造成的热传递；热辐射——物体以电磁辐射的形式向外发散热量；流动 (推动) 功——推动工质移动所做的功；容积功——造成体积变化而做的功；转动轴功——推动轴转动所做的功。常见的能量传递方式见图 1-6。

能量传递的结果主要体现在两方面，即能量使用过程中所起的作用以及能量传递的最终去向。能量传递的最终去向通常只有两条：转移到产品或散失于环境；如果考虑到转移到产品的能量最终也会在产品使用过程中散失，则也可以认为能量传递的最终去向只能是散失于环境。

(三) 能量的储存

能量能够以不同的形式被储存，有时候为了方便能量的储存人们可能会在储存前或者提取前对能量进行形式转换。一些常见的能量储存方式如下所述。

电池储能：电池是将其他能量转化为电能的设备，在生活中通常用于存储小型设备所需的能量。

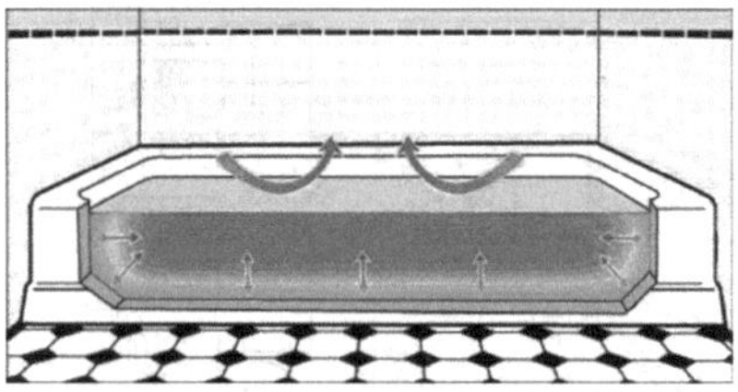

(a) 热传导

(b) 热对流

扫一扫
看彩图

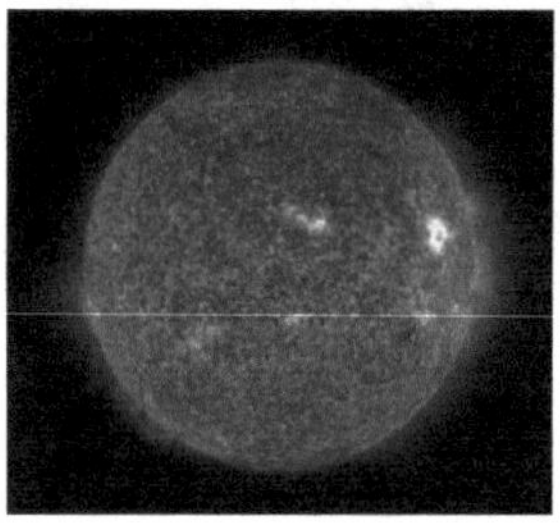

(c) 热辐射

(d) 流动 (推动) 功

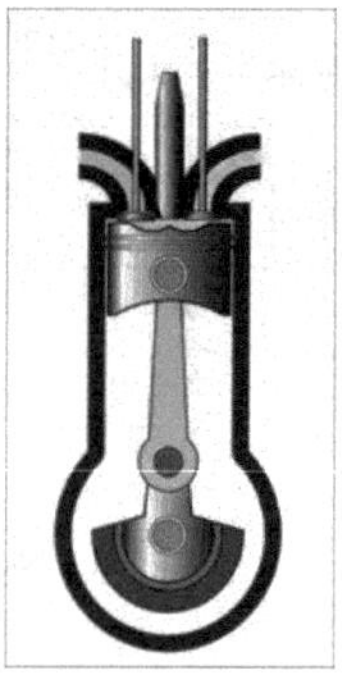

(e) 容积功及转动轴功

图 1-6　能量传递方式

水库储能：水库是一种常见的重力储能装置，水在高处的重力势能可以被转化为机械能或电能。利用水库储水蓄能的抽水蓄能电站是当前技术条件下最具有经济性的大规模储能系统。

压缩空气储能：压缩空气储能是将机械能转化为压缩空气的储能方式，这种方式通常用于工业和交通领域。

氢气储能：氢气储能是一种具有发展潜力的清洁能源储存方式，人们可以将太阳能或其他形式的能量用于分解水分子，产生氢气并储存在适当的容器中。

储热：热能可以直接储存在隔热容器中，也可以通过相变材料储存。

这些能量储存方式在不同的应用领域中具有不同的优点和局限性。例如，电池可以在移动设备中提供便携式的能源，但其存储容量有限，需要经常更换或充电。水库可以提供大规模的储能方案，但需要适宜的地理条件和大量的资本投资。压缩空气需要适当的设备和压缩技术，而氢气和热储存需要适当的储存设施和安全措施。在实际应用中，需要根据具体的需求和限制来选择适当的能量储存方式。

(四) 能量转换实例

1. 化学能转换为热能

化学能转换为热能的主要途径就是燃烧，这是燃料 (如煤炭) 与助燃剂 (如空气) 接触并达到一定的着火点时发生的一种发光发热的化学反应。当前人们将化学能转换为热能主要是通过煤炭、石油产品、天然气等化石能源的燃烧来实现的，这一过程也是人为温室气体产生的最主要来源。

煤炭燃烧是煤中可燃物质的一种剧烈氧化反应。煤炭燃烧放出大量热，形成高温烟气和灰渣作为燃烧产物。燃烧通常在达到一定温度后方可进行；常温下，煤也能被空气中的氧所氧化，但氧化速度很慢，不形成燃烧。煤炭在锅炉中的三种主要燃烧方式为**层状燃烧**、**沸腾燃烧**、**悬浮燃烧**。**层状燃烧**就是将燃料置于固定或移动的炉排上，形成均匀的、有一定厚度的料层，空气从炉排底部通入，通过燃料层进行燃烧反应。**沸腾燃烧** (流化床燃烧) 是指利用风室中的空气将固定炉篦或链条炉排上的灼热料层 (如灰粒) 吹成沸腾状态，使其与煤粒一起上下翻滚燃烧的燃煤方式。**悬浮燃烧**是指燃料以粉状、雾状或气态随同空气经燃烧器喷入锅炉炉膛，在悬浮状态下进行燃烧的方式。悬浮燃烧的燃烧速度快，被加热物混合充分，因此我国大型锅炉和工业窑炉大多采用悬浮燃烧。无论哪种燃烧方式，煤从进入炉膛到燃烧完，一般都要经过三个过程，即着火前的**准备阶段**、**着火与燃烧阶段**、**形成灰渣阶段**。**煤炭完全燃烧的充要条件**有：① 燃料 (煤)；② 充分的氧化剂 (空气)；③ 高温环境；④ 足够的燃烧时间；⑤ 燃料与氧化剂的良好接触和混合。

油的燃烧通常是指汽油、柴油、煤油等石油产品的燃烧。油燃烧的过程包含着传热过程、物质扩散过程和化学反应过程。由于油的沸点总是低于其着火温度，因此油总是先蒸发成油蒸气，然后在蒸气状态下燃烧。油的燃烧实际上包含了**油加热蒸发**、**油蒸气和助燃空气混合，以及着火燃烧**三个过程。其中油加热蒸发是制约燃烧速率的关键。为了加速油的蒸发，常用的方法是扩大油的蒸发面积，例如将油雾化成细小油滴后进行燃烧。为了实现油的高效低污染燃烧，可以从两方面着手：一是提高燃油的雾化质量；二是实现良好的配风。

天然气、液化石油气等气体燃料的燃烧和油的燃烧方式相近，但是不需要经过加热蒸发的过程。

2. 热能转换为机械能

目前人们获得机械能的最主要方式是将热能转换为机械能。能够将热能转换成机械能的装置称为**热机** (heat engine)。应用最广泛的热机有**蒸汽轮机** (steam turbine)、**燃气轮机** (gas turbine)、**往复式活塞内燃机** (reciprocating piston internal combustion engine) 等。

1) 蒸汽轮机

蒸汽轮机是将蒸汽的热能转换为机械功的热机，简称汽轮机 (图 1-7)。其特点是轮机单机功率大、效率高、运行平稳。在现代火力发电厂和核电站中都用蒸汽轮机驱动发电机。此外蒸汽轮机还用来驱动大型鼓风机、水泵和气体压缩机，也用作舰船的动力，或拖动大型水泵和大型压缩机、风机。

在蒸汽轮机中，具有一定压力、温度的蒸汽，进入蒸汽轮机，流过喷嘴并在喷嘴内膨胀获得很高的速度。高速流动的蒸汽流经蒸汽轮机转子上的动叶片做功，动叶片带动蒸汽轮机转子，按一定的速度均匀转动。这就是蒸汽轮机最基本的工作原理 (图 1-8)。从能量转换的角度讲，蒸汽的热能在喷嘴内转换为气流动能，动叶片又将气流动能转换为机械能。

2) 燃气轮机

燃气轮机和蒸汽轮机最大的不同是，它不是以循环水蒸气而是以燃烧生成的气体作为工质。燃料燃烧时所产生的高温气体直接推动燃气轮机的叶轮对外做功，因此以燃气轮机作为热机的火力发电厂不需要用来加热水形成蒸汽的锅炉。燃气轮机除用于发电外，也用作航天器和船舶的动力。

图 1-7　蒸汽轮机

扫一扫
看彩图

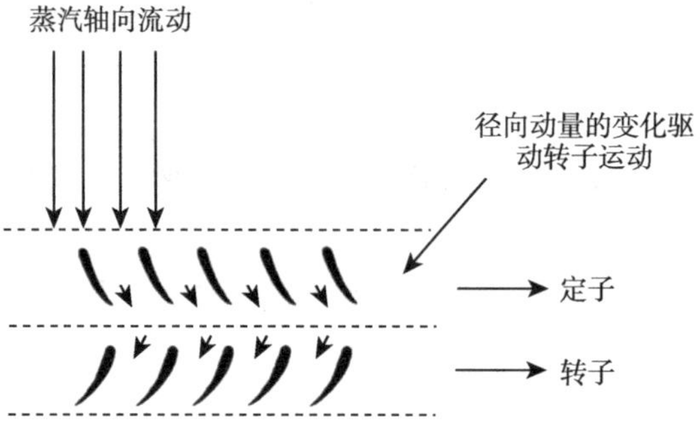

图 1-8　蒸汽通过定子和转子的运动

在空气和燃气的主要流程中，只有**压气机** (compressor)、**燃烧室** (combustor) 和**透平** (turbine，涡轮机) 这三大部件组成的燃气轮机循环，通称为简单循环。它的结构简单，最能体现出燃气轮机所特有的体积小、质量轻、起动快、少用或不用冷却水等一系列优点。

压气机从外界大气环境吸入空气，并经过压气机使之增压，同时空气温度也相应提高；压缩空气被压送到燃烧室与喷入的燃料混合燃烧生成高温高压的燃气；然后再进入透平中膨胀做功，推动透平带动压气机和外负荷转子一起高速旋转。这样，燃气轮机就把燃料的化学能转化为热能，又把部分热能转变成机械能。通常在燃气轮机中，透平发出的机械功有 1/2~2/3 用来带动压气机 (这一点为燃气轮机间断性使用情况下的压缩空气储能提供了思路)，其余的机械功用来驱动发电机。

燃气轮机根据压缩机特点分为辐流 (离心) 式 (图 1-9) 和轴流式 (图 1-10)。轴流式燃气轮机中，气体在压缩机中的流动不是沿半径方向，而是沿轴向，所以其压缩机的最大特点在于，单位面积的气体通流能力大，在相同加工气体量的前提条件下，径向尺寸小，特别适用于要求大流量的场合。另外，轴流式压缩机还具有结构简单、运行维护方便等优点。但轴流式压缩机制造工艺要求高，而且稳定工况区比离心式压缩机要窄。轴流式燃气轮机中随着气体压力的增加，压气机级径逐渐变小；相反，随着热气体的膨胀，涡轮级逐渐变大，将动量传递给涡轮叶片并推动它们旋转 (图 1-11)。

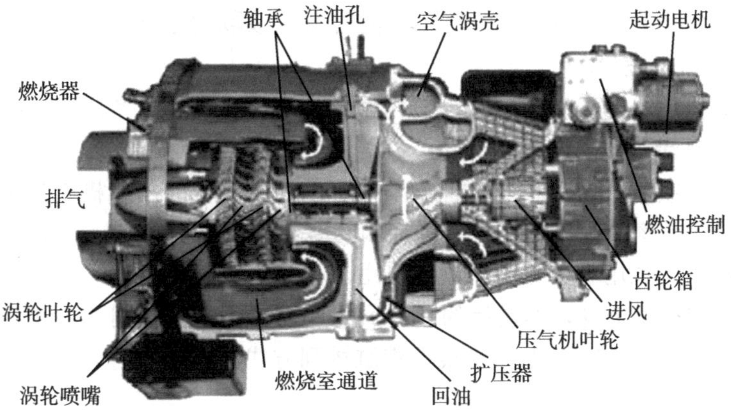

图 1-9　辐流 (离心) 式燃气轮机

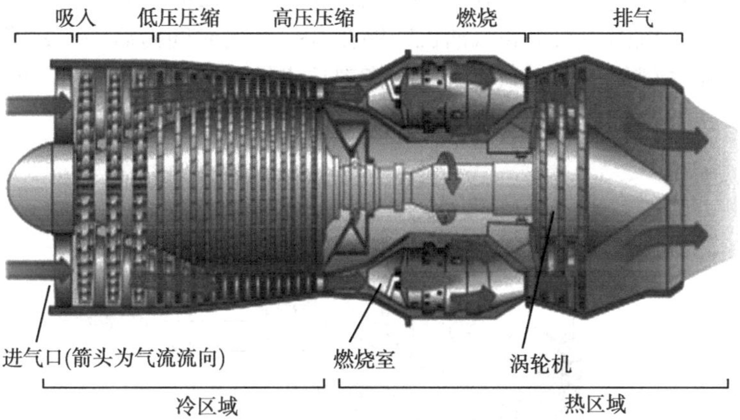

图 1-10　轴流式燃气轮机

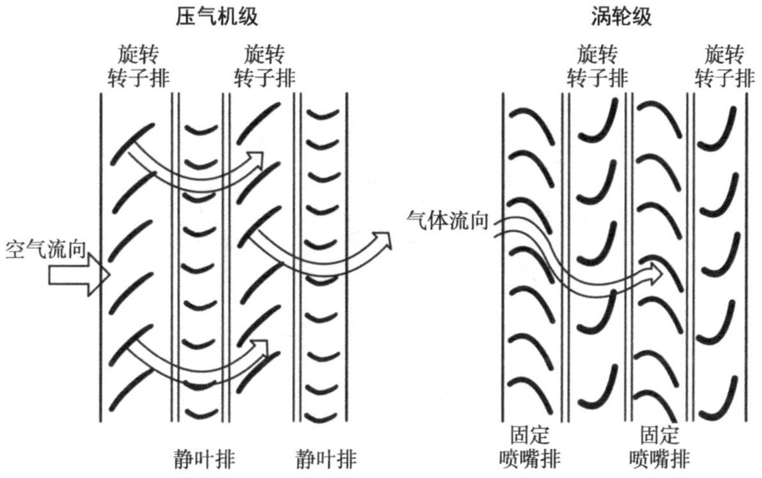

图 1-11　轴流式燃气轮机中的气体流动

燃气轮机是一种先进而复杂的成套动力机械装备，是典型的高新技术密集型产品。作为高科技的载体，燃气轮机代表了多理论学科和多工程领域发展的综合水平，具有十分突出的战略地位，近年来我国在燃气轮机研发领域取得了快速发展。

3) 往复式活塞内燃机

往复式活塞内燃机是一种活塞在气缸内做往复直线运动的活塞式内燃机。广义上的内燃机不仅包括往复活塞式内燃机、旋转活塞式内燃机和自由活塞式内燃机，也包括旋转叶轮式的燃气轮机、喷气式发动机等，但通常实际应用中所说的内燃机就是指往复式活塞内燃机。内燃机具有效率高、体积小、质量轻和功率大等一系列优点，主要为各种运输车辆、工程机械提供动力，也用于可移动的发电机组。

内燃机有很多分类方法，但常用的是：① 按点火或着火顺序可将内燃机分成四冲程发动机 (图 1-12) 和二冲程发动机；② 根据汽缸排列方式，内燃机可以分为直列、斜置、对置、V 形和 W 形。

内燃机的优点包括：① 热能利用率高，目前最高热效率超过 60%；② 功率范围广，适应性能好；③ 结构紧凑，质量轻，体积小，燃料和水的消耗量也少；④ 使用操作方便，起动快，简单安全。一般的柴油机和汽油机能够在 3～5s 的时间内启动，并能在短时间内达到全负荷运转。而内燃机的主要缺点则是对燃料要求较高，高速内燃机一般利用汽油或轻柴油作为燃料，并且对燃料的洁净度要求严格。

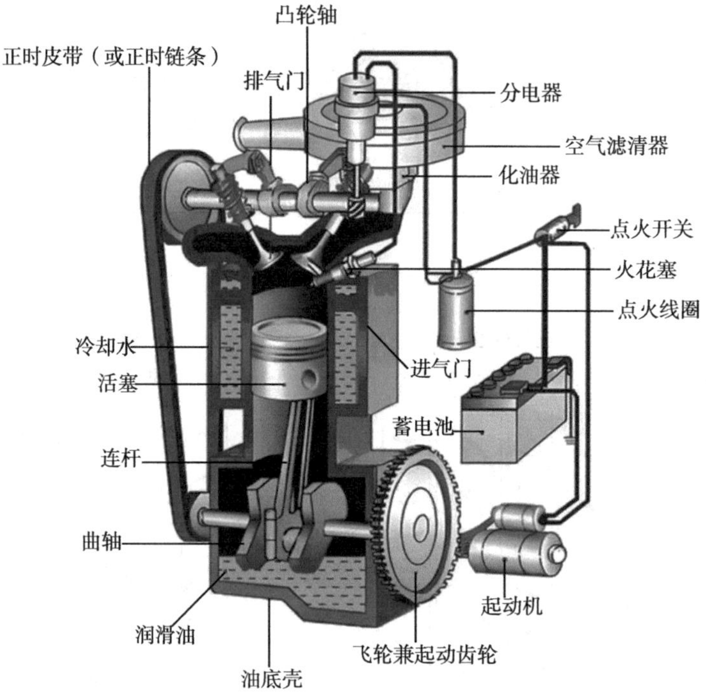

图 1-12　四冲程发动机主要结构

3. 机械能转换为电能

当人们通过热机将热能转换为机械能后，就可以采用同步发电机将机械能转换为电能 (图 1-13)。通常蒸汽轮机或者燃气轮机获得的机械能会以转动轴旋转运动的方式传递给发电机，在发电机中驱动转子转动，旋转的转子会与磁场相互作用。根据法拉第电磁感应定律，这种相互作用会在导体线圈中产生电流。

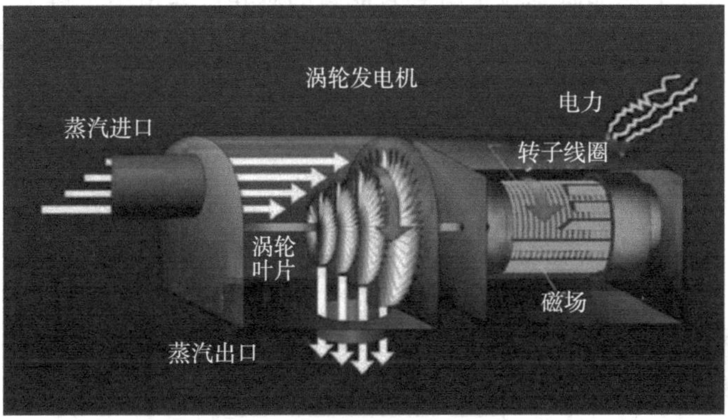

图 1-13 蒸汽轮机带动发电机工作原理示意图

第二节 热力学基本知识

一、热力学基本概念

热力学是物理学的一个分支，主要是研究功与热之间的能量转换。在热力学中通常将功定义为力与位移的内积，而热的传递则定义为在热力系统边界中，由温度之差造成的能量传递。

历史上，人们对提高早期蒸汽机效率的努力推动了热力学的发展，其中法国物理学家尼古拉·莱昂纳尔·萨迪·卡诺 (Nicolas Léonard Sadi Carnot) 的工作起到了关键的作用。

(一) 热力学定律

第一定律——能量的守恒与转换定律在热力学中的应用：热量可以从一个物体传递到另一个物体，也可以与机械能或其他能量互相转换，但是在转换过程中，能量的总值保持不变。

第二定律——阐明与热现象相关的各种过程进行的方向、条件及限度的定律，常见的说法包括克劳修斯表述以及开尔文表述。克劳修斯表述：热量不能自发地从低温物体转移到高温物体。开尔文表述：不可能制造出从单一热源吸热、使之全部转化为功而不留下其他任何变化的热力发动机。第二定律的别称为熵增原理，即不可逆热力过程中熵的微增量总是大于 0，在自然过程中，一个孤立系统的总混乱度 (即熵) 不会减小。

第三定律——物体分子和原子中与热能有关的各种运动形态不可能全部被停止：绝对零度 (−273.15℃) 存在，但绝对零度永远不可能达到。当一个系统接近绝对零度时，所有的过程都会停止，系统的熵趋于最小值。

第零定律——如果两个系统各自与第三个系统处于热平衡状态，那么它们彼此也处于热平衡状态。第零定律又称为热平衡定律，它给出了温度的定义和测量方法的基本依据。

(二) 内能与热力学第一定律

内能是热力系统中全部微观粒子所具有能量的总和，通常用字母 U 表示。如图 1-14 所示，系统从一个平衡态变化到另一个平衡态时，内能变化等于系统吸收的热量和外界对系统做功之和，因此热力学第一定律的另一种表述是：孤立系统 (与外界没有能量和物质交换的热力系统) 的内能是恒定的。

$$\text{内能增加} = \text{系统吸收的热量} + \text{对系统做功}$$

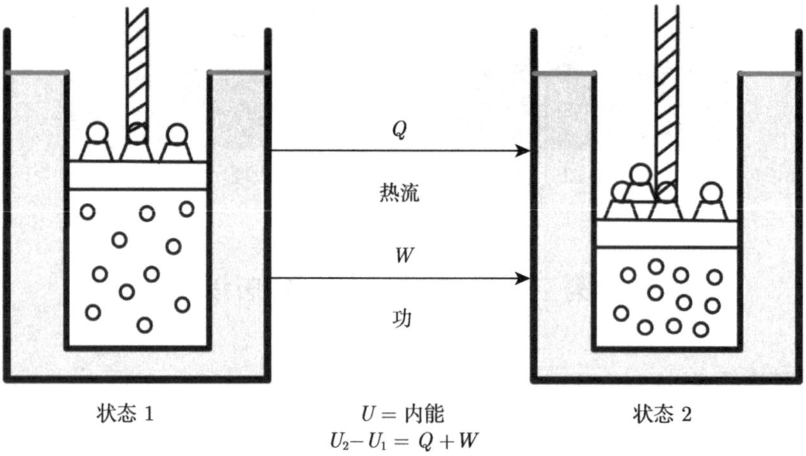

图 1-14　热力学第一定律示意图

虽然能量的守恒与转换定律在今天看起来似乎是水到渠成，非常理所当然的，但是在 18 世纪的时候人们还是经过很多波折才明白这一道理。对那时候的人来说，热到底是什么，这个问题就造成了非常大的困扰。热素说和热运动说的斗争长达几个世纪，直至实验科学逐渐成熟，大量实验证明了热不是一种物质，而是一种由运动而产生的能量，这才使得人们对热的认识拨开云雾。随着焦耳等科学家证明了热与功的当量关系，并发现了热力学第一定律，彻底粉碎了热素说。

(三) 热力系统

1. 基本概念

工质 (working fluid)：热能和机械能之间的转换是通过某种介质在热机中的一系列状态变化过程来实现的，这种介质称为工质，如空气、水蒸气、燃气等。

热力系统 (thermal system)：在工程热力学中，通常选取一定的工质和空间作为研究对象，称为热力系统。

热机 (heat engine)：凡能将热能转换为机械能的机器称为热机。

热源 (heat source)：把热容量很大，且在吸收或放出有限热力时自身温度及其他热力学参数没有明显改变的物体称为热源。根据其作用分为高温热源 (向系统提供热量) 和低温热源 (接受系统放热) 两类。

2. 热力系统的分类

在工程热力学中，通常把热力系统分为开口系统、封闭系统、绝热系统和孤立系统等。

开口系统 (open system)：与外界之间既存在物质交换，也存在能量交换的系统。

封闭系统 (closed system)：与外界之间不存在物质交换的系统。

绝热系统 (adiabatic system)：与外界之间不存在热交换的系统, 但绝热系统允许做功和物质交换。

孤立系统 (isolated system)：与外界之间既不存在物质交换，也不存在能量交换的系统，叫孤立系统。

3. 工质的状态及状态参数

1) 相关定义

热力学状态 (thermodynamic state)：工质在某一时间所处的物理状态称为工质的热力学状态，简称状态。这种状态一般用热力学状态参数及其平面坐标 (如 p-v 图、T-s 图) 进行描述，有平衡状态和非平衡状态。

平衡状态 (balanced state)：在外界条件不变的情况下，系统的宏观特性不发生变化，称其为平衡状态。

状态参数 (state parameter)：用来描述工质平衡状态的物理量称为状态参数，如温度、压强、比容等。

状态方程 (equation of state)：在平衡状态下，系统的某一参数与独立于它的其他参数之间有着确定的联系，将这种联系表达出来的数学方程式，如理想气体的状态方程式就是状态方程 (详见“理想气体与卡诺循环”部分)。

2) 常用状态参数

在工程热力学中，常用的状态参数有温度、压强、比容，以及内能、焓、熵等。

温度 (temperature)：是用来描述物体冷热程度的物理量。气体的温度是组成气体的分子平均移动动能的量度。常用的有摄氏温度 (用 t 表示，单位为 ℃) 和热力学温度 (用 T 表示，单位为 K)。并定义：

$$t = T - 273.15℃$$

压强 (pressure)：单位面积上所受的垂直力，用 p 表示，国际单位是帕 (Pa)，常用单位还有千帕 (kPa)、兆帕 (MPa) 和标准大气压 (atm)①，其关系是

$$1\text{Pa}=1\text{N/m}^2,\quad 1\text{kPa}=10^3\text{Pa},\ 1\text{MPa}=10^6\text{Pa}$$

容积 (volume)：工质所占据空间的大小，用符号 V 表示，单位为 m^3；1kg 或 1mol 工质所占有的容积称为比容，用符号 v 表示，单位为 m^3/kg 或 m^3/mol。

内能 (internal energy)：系统内部微观分子动能和势能的总和，用 U 表示，单位是 J；1kg 工质的内能称为比内能，用 u 表示，单位是 J/kg。

焓 (enthalpy)：在工程热力学中，被定义为

$$H = U + pV$$

① 标准大气压 (standard atmospheric pressure) 是在标准大气条件下海平面的气压，1644 年由物理学家托里拆利提出，其值为 101.325kPa，是常见的压强单位，记作 atm。

而 1kg 工质所具有的焓称为比焓，用 h 表示，即

$$h = u + pv$$

在任何状态下，如果 p、v 和 u 有确定值，则焓也有确定值。

熵 (entropy)：熵是一个反映自发过程不可逆性的物质状态参量，用 S 表示，而 1kg 工质所具有的熵称为比熵，用 s 表示。当热力系统发生一个微小可逆过程时 (如在真空中提起再放下砝码的过程)，热力系统温度为 T，热力系统与外界交换的热量为 δQ，则在这一微小可逆过程中工质的熵变为 $\mathrm{d}S$，有

$$\mathrm{d}S = \frac{\delta Q}{T}$$

而单位工质的比熵为

$$\mathrm{d}s = \frac{\mathrm{d}S}{m} = \frac{\delta q}{T}$$

二、理想气体与卡诺循环

(一) 理想气体

1. 定义

理想气体 (ideal gas) 是研究气体性质的一个物理模型。从微观上看，理想气体符合以下几点性质：

(1) 气体分子本身的体积与气体所占据的总体积相比可以忽略不计；

(2) 分子之间没有相互作用力，不计分子势能；

(3) 分子之间及分子与器壁之间发生的碰撞不造成动能损失；

(4) 在容器中，在未碰撞时考虑为做匀速运动，气体分子碰撞时发生速度交换，无动能损失；

(5) 理想气体的内能是分子动能之和。

2. 状态方程

理想气体状态方程，又称理想气体定律、普适气体定律，是描述理想气体在处于平衡态时，压强、体积、物质的量、温度间关系的状态方程。它建立在经验定律的基础上。

理想气体的状态方程为

$$pV = nRT$$

其中，p 是指理想气体的压强，单位为 Pa；V 是理想气体的体积，单位为 m^3；n 表示理想气体的物质的量，单位为 mol；T 是理想气体的热力学温度，单位为 K；R 是常量，为理想气体常数，与气体所处的状态无关，随气体的种类不同而异。我们暂且简化，避免系统质量的影响，将理想气体的状态方程写为

$$pv = RT$$

3. 比热容

使单位数量气体的温度升高 1℃ 所需要的热量称为比热容 (简称比热)，用 c 表示。如果使单位数量气体的温度升高 δT 时所吸收的热量为 δq，则比热容为

$$c = \frac{\delta q}{\delta T}$$

因为气体的温度有质量单位、容积单位和摩尔，相应的比热容分别称为质量比热容 (c)、容积比热容 (c') 和摩尔比热容 (c_{m})，其单位分别是 $\mathrm{J/(kg\cdot K)}$、$\mathrm{J/(m^3\cdot K)}$ 和 $\mathrm{J/(mol\cdot K)}$，三者之间并无本质差别，只是单位不同。

通常气体在不同温度下其比热容也不一样，但当温度变化范围不大时其比热容变化并不显著，因此经常假设比热容固定来计算温度变化过程中的传热量：

$$q_{1-2}=c(t_2-t_1)$$

4. 基本热力过程

观察与分析发现，在许多热力过程中虽然诸多参数在变化，但相比而言某些参数变化很小，可以忽略不计。这种保持一个状态参数不变的过程称为基本热力过程。本节仅讨论理想气体可逆过程的计算，理想气体的基本热力过程有定容过程、定压过程、定温过程和绝热过程。

1) 定容过程

定容过程指在状态变化过程中，工质的比容保持不变，即 $\mathrm{d}v = 0$，其 p-v 及 T-s 图分别见图 1-15 及图 1-16。根据一定量理想气体的状态方程 $pv = RT$，有

$$\frac{p_1}{p_2} = \frac{T_1}{T_2}$$

即压力与温度成正比。

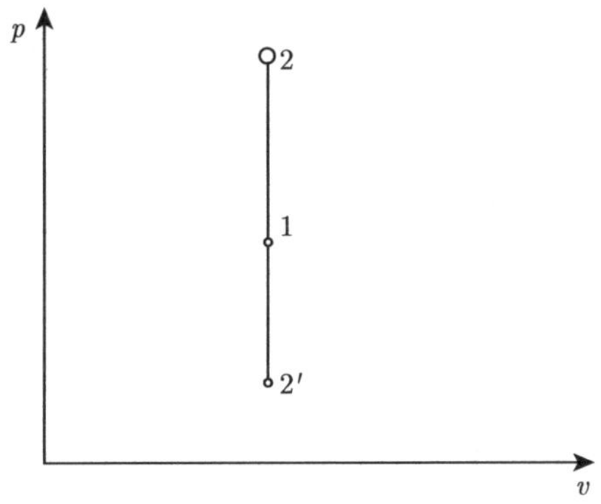

图 1-15　定容过程 p-v 图

过程 1-2 为定容吸热过程，压力 p、温度 T、比熵 s 均增加；过程 1-2′ 为定容放热过程，压力 p、温度 T、比熵 s 均减小。

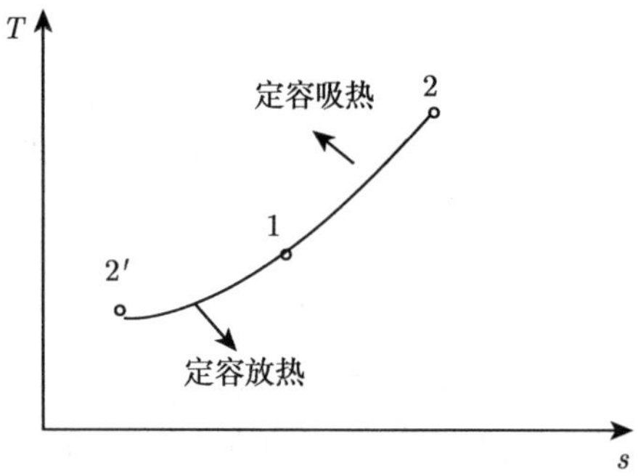

图 1-16　定容过程 T-s 图

因为定容过程不膨胀做功，$\mathrm{d}v=0$，所以容积功为

$$w=0$$

与外界的热交换为 $q=\Delta u=\int_1^2 c_v\mathrm{d}T=c_v\,(T_2-T_1)$，定容过程所吸热全部用于内能增加。

2) 定压过程

在状态变化过程中，工质的压力保持不变，即 $\mathrm{d}p=0$，其 p-v 及 T-s 图分别见图 1-17 及图 1-18。根据状态方程 $pv=RT$，有

$$\frac{v_1}{v_2}=\frac{T_1}{T_2}$$

即比容与温度成正比。

1-2 为定压吸热过程，比容 v、温度 T、熵 s 均增加；1-2′ 为定压放热过程，比容 v、温度 T、熵 s 均减小。

定压过程工质的容积功为

$$w=\int_1^2 p\mathrm{d}v=p(v_2-v_1)=R(T_2-T_1)$$

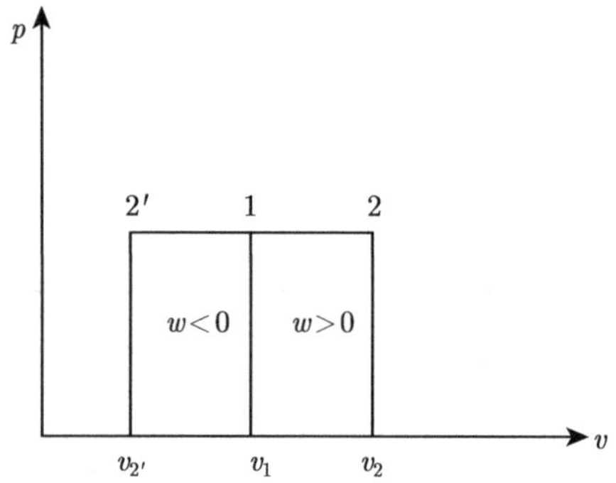

图 1-17　定压过程 p-v 图

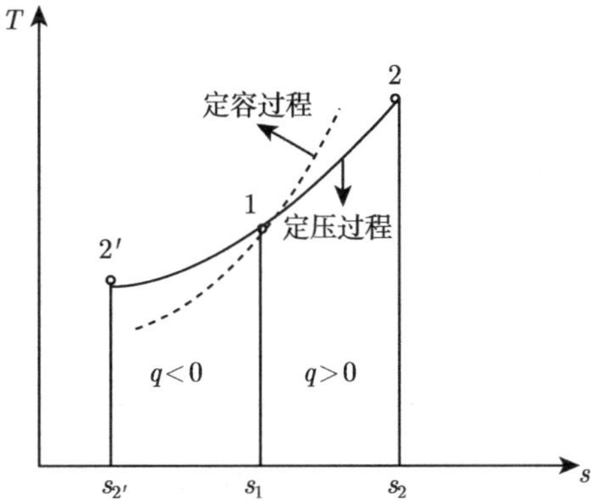

图 1-18　定压过程 T-s 图

理想气体系统与外界的热交换为

$$q=u_2-u_1+p(v_2-v_1)=(u_2+p_2v_2)-(u_1+p_1v_1)=h_2-h_1$$

即定压过程的吸热量等于工质的焓增。

3) 定温过程

在状态变化过程中，工质的温度保持不变，即 $\mathrm{d}T=0$，其 p-v 及 T-s 图分别见图 1-19 及图 1-20。根据状态方程 $pv=RT$，有

$$\frac{p_1}{p_2}=\frac{v_1}{v_2}$$

即压力与比容成正比。

下图中，1-2 为定温吸热过程，比容 v、熵 s 增加，压力 p 减小；1-2′ 为定温放热过程，比容 v、熵 s 减小，压力 p 增加。

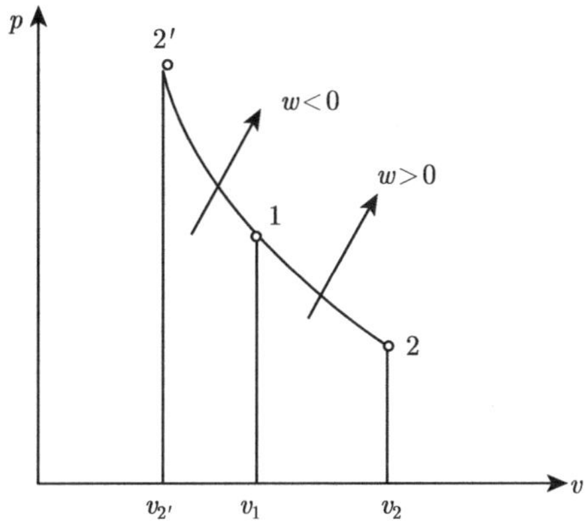

图 1-19　定温过程 p-v 图

定温过程工质的容积功为

$$w=\int_1^2 p\mathrm{d}v=\int_1^2\frac{RT}{v}\mathrm{d}v=RT\ln\frac{v_2}{v_1}=RT\ln\frac{p_1}{p_2}$$

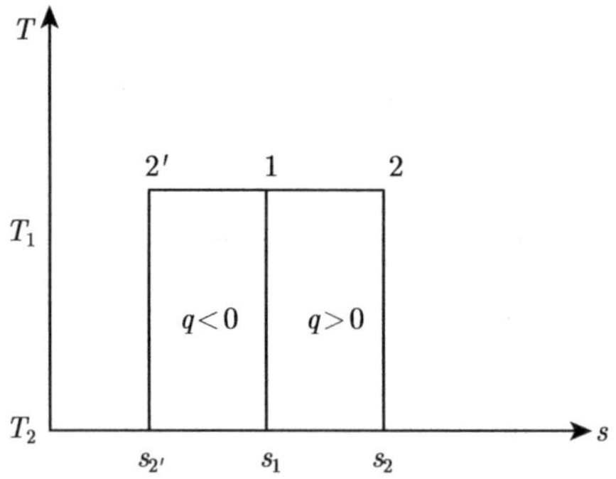

图 1-20　定温过程 T-s 图

因为定温过程内能变化为零，即 $\Delta u = 0$，故

$$q = \Delta u + w = w = RT \ln \frac{v_2}{v_1}$$

上式表明，定温吸热时，系统对外界做的容积功等于吸热量。

4) 绝热过程

在状态变化过程中，系统与外界没有热交换，即 $\mathrm{d}s = 0$，因此可逆绝热过程也叫定熵过程，其 p-v 及 T-s 图分别见图 1-21 及图 1-22。

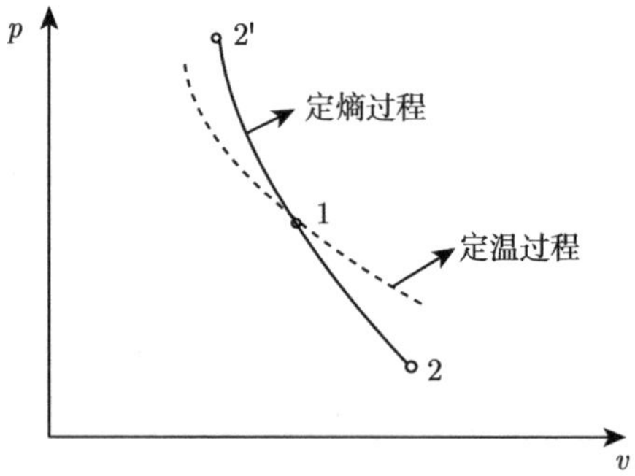

图 1-21　绝热过程 p-v 图

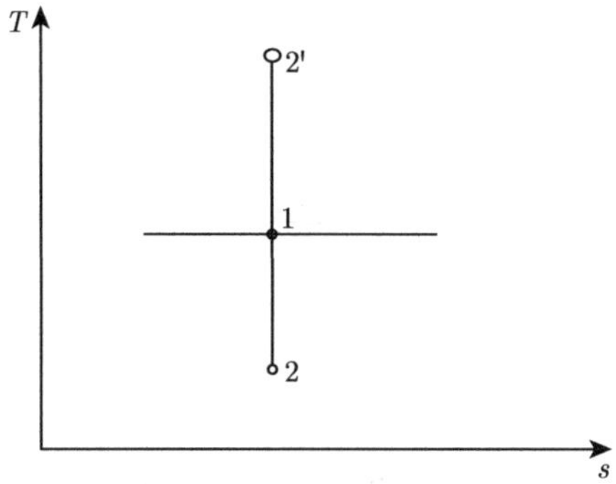

图 1-22　绝热过程 T-s 图

如果理想气体对外界做功，则理想气体比容上升、比内能下降，导致 v 上升、T 下降，根据状态方程 $pv = RT$，可知 p 下降。

(二) 卡诺循环

1. 概述

卡诺循环是由卡诺于 1824 年提出的，以分析热机的工作过程。卡诺循环是只有两个热源 (一个温度为 T_1 的高温热源和一个温度为 T_2 的低温热源) 的理想简单循环，其 T-s 及 p-v 图分别见图 1-23 及图 1-24。由于工质只能与两个热源交换热量，所以可逆的卡诺循环由两个等温过程和两个绝热过程组成。具体包含以下四个过程。

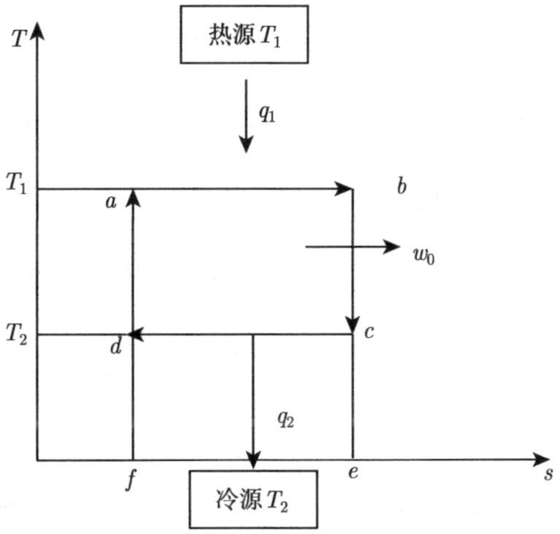

图 1-23　卡诺循环 T-s 图

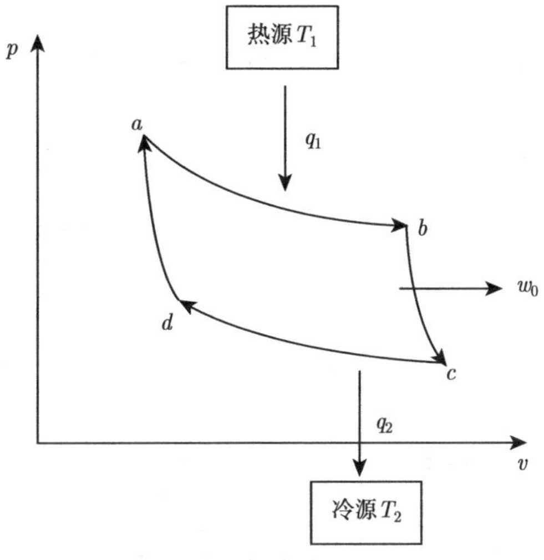

图 1-24　卡诺循环 p-v 图

过程 $a \to b$ 为定温吸热过程，工质从温度为 T_1 的高温热源吸取热量 q_1；

过程 $b \to c$ 为绝热膨胀过程，即等熵膨胀过程，工质温度由 T_1 降到 T_2；

过程 $c \to d$ 为定温放热过程，工质向温度为 T_2 的低温热源放出热量 q_2；

过程 $d \to a$ 为绝热压缩过程，即等熵压缩过程，工质温度由 T_2 升到 T_1。

如此构成的目的是实现两恒温热源间的可逆循环，必须消除循环过程中的所有不可逆因素。为此，工质从高温热源吸热和向低温热源放热必须是工质和热源间温差趋于零的定温吸热过程和定温放热过程，当工质温度在热源温度 T_1 和冷源温度 T_2 间变化时，不允许工质与热源进行有温差的热交换，且内部无耗散效应，故只能是可逆绝热过程。

2. 卡诺循环的热效率

卡诺循环吸热过程 $a \to b$ 的吸热量为图 1-23 中面积 a-b-e-f 所示，即

$$q_1 = S_{a\text{-}b\text{-}e\text{-}f} = T_1\,(e-f) \tag{1}$$

卡诺循环放热过程 $c \to d$ 的放热量为图 1-23 中面积 c-d-f-e 所示，即

$$q_2 = S_{c\text{-}d\text{-}f\text{-}e} = T_2\,(e-f) \tag{2}$$

将 (1) 式和 (2) 式代入循环热效率公式得出卡诺循环的热效率为

$$\eta_{\text{tc}} = \frac{w_0}{q_1} = 1 - \frac{q_2}{q_1} = 1 - \frac{T_2\,(e-f)}{T_1\,(e-f)} = 1 - \frac{T_2}{T_1}$$

由此可得出以下结论。

卡诺循环的热效率只与高低温热源的温度 T_1、T_2 有关，冷凝温度越低，热源温度越高，卡诺循环的热效率越高。

因为 $T_1 = \propto$ 和 $T_2 = 0$ 是不可能的，所以卡诺循环的热效率只能小于 1。也就是说在循环发动机中，不可能将从热源吸取的热量全部变成机械功。

当 $T_1 = T_2$ 时，卡诺循环的热效率等于零，说明在没有温差的热力系统中，热能不可能变为机械能，即单一热源的热机是制造不出来的。

练习题 发电厂理论热效率

已知某发电厂高温蒸汽的温度大约是 530 ℃，请计算其理论热效率。

3. 卡诺定理

定理一 在相同的高温热源和低温热源间工作的可逆热机有相同的热效率，而与工质的性质无关。

定理二 在相同的高温热源和低温热源间工作的可逆热机的热效率恒高于不可逆热机的热效率。这说明，在给定高、低温热源的温度 T_1 和 T_2 的范围内，卡诺循环的热效率是最高的。由于现实生活中的热力过程必会产生摩擦，即必会产生损失，因此无法达到卡诺循环的热效率，但它指明了提高热机循环的热效率的方向。

扩展阅读 兰金循环与布雷顿循环

现实中的热机并不采用卡诺循环方式来做功，一般蒸汽轮机采用兰金循环 (Rankine cycle，又称为朗肯循环)，而燃气轮机则采用布雷顿循环 (Brayton cycle)。

兰金循环通常使用水加热做功，其热机结构包括液体加压器、锅炉、涡轮机、冷凝器。现实中的兰金循环包含以下四个过程：液体被水泵压缩成为高压液体的加压过程、高压液体被注入锅炉加热成为饱和蒸汽的吸热过程、饱和蒸汽膨胀后推动涡轮机的放热做功过程，以及剩余蒸汽进入冷凝器的放热过程。

布雷顿循环在一个包含气体压气机、燃烧室以及涡轮机三个结构的热机中实现。现实中的布雷顿循环同样包含四个过程：压缩气体的压缩过程、在燃烧室的吸热过程、在涡轮机的膨胀做功过程，以及最终的放热过程。

关 键 术 语

能量
机械能
热能
电能
辐射能
化学能
核能
内能
能量转换
热力系统
热机
工质
热源
卡诺循环

第二章　能源概述

本章提要

- ■ 能源可根据获取途径、是否可再生、使用频率、来源、物理性能和对环境的影响等不同标准来加以分类。
- ■ 为正确选择和使用能源，需对其资源情况加以评价，可从储量、储能的可能性与供能的连续性、开发费用与用能设备费用、运输费用和损耗、对环境的影响和能量密度等方面开展。
- ■ 利用能源计量单位的换算可以使各种能源的价格和使用成本具有可比性。
- ■ 能源效率描述一次能源、终端能源和有用能之间的转化效率，而能源效能为能源投入和能源服务产出之比。
- ■ 能源平衡表是指包含能源的供应、转化和消费的数据表，依照能量守恒定律，其中体现了能源供需平衡、能源加工转换平衡和终端能源消费平衡三组平衡关系，为能源政策决策提供了有力的工具。
- ■ 桑基图用于描述能量平衡关系，其绘制时首先要收集并处理可靠的能源平衡数据，进而使用相关的工具生成桑基图并加以美化、校验。
- ■ 熟悉能源相关数据的常见渠道和权威来源，能帮助我们更好地熟悉能源现状与发展。
- ■ 根据近年来的数据，人类社会对能源的需求量不断增长，石油、煤、天然气为三大主要传统化石能源消费品种。

第一节　能源基本知识

广义来讲，能源是人类社会使用的能量来源，是能够直接或经过转换而获取能量的资源。能源是人类世界发展和运行的驱动力，是人类赖以生存的基础。自从人类学会使用火，薪柴就成为人类最早利用的能源之一。早在公元前，人类就开始利用风力提水、灌溉、磨面、舂米，用风帆推动船舶前进。随着技术的发展，人类可利用的能源种类增多，比如 19 世纪开始使用电能，20 世纪开始利用核能；同时人类利用能源的方式也越来越多样化，以燃料为例，早期人类直接将其燃烧以获得热能，后来通过蒸汽机将其转化为机械能使用，再后来结合发电机进一步将燃料转换为电力使用，而近年来可再生能源制氢气等技术的应用还可以将燃料作为一种能量存储的手段。

一、能源的分类

认识能源的种类、用途以及能源在人类社会中的使用方式，是我们学习能源过程中基础的一步。对于某种特定的能源，我们往往会关注如下几个方面。

(1) 如何获取这种能源?

(2) 这种能源是否源源不断?

(3) 这种能源在现有技术经济条件下是否容易普及使用?

(4) 这种能源对环境有什么影响?

根据不同的目的，我们可以对能源进行不同标准的划分。这些分类方法有助于我们从不同角度去认识能源。

(一) 化石能源与非化石能源

根据能源的生成来源可划分为化石能源 (fossil energy) 与非化石能源 (non-fossil energy)。化石能源是远古生物遗体经地质作用长期演化形成的碳氢化合物，包括煤炭、石油、天然气等，其本质是储存了数亿年太阳能量的不可再生资源。非化石能源指不依赖生物化石资源形成的能源，包括核能、水能、风能、太阳能、生物质能、氢能等。这一分类方式聚焦于能源的自然属性及其对可持续发展 (特别是气候变化) 的影响，是现代能源战略与气候政策的核心议题之一。

(二) 一次能源和二次能源

按获取途径分类，我们可以将能源分为一次能源 (primary energy) 和二次能源 (secondary energy)。其中一次能源指的是自然界中以原有形式存在的、未经加工转换、可供直接利用的能量资源，又称天然能源，比如煤炭、石油、天然气、风能、水能、太阳能、核能等，这些都是人类可以从自然界直接获取的能源。二次能源指的是通过加工或转换后从一次能源获得的能量，比如电力、蒸汽、焦炭、汽油、煤气、氢等，它们使用方便，通常是高品质的能源。对一次能源和二次能源进行区分的一个重要作用是，它可以让我们在对一个区域或国家的能源供应量进行统计核算时避免重复计算。

思考 一次能源与二次能源的进一步区分

你知道电力是属于一次能源还是二次能源吗?

严格来说，凡是通过加工转换获取的电力都属于二次能源。但是，在一些统计系统中，会将水电、核电、太阳能发电、风力发电等按照发电量作为一次能源进行统计，而将火力发电厂生产的电力作为二次能源进行统计，你知道为什么吗?

(三) 可再生能源和不可再生能源

根据能源是否会因人类使用而耗竭，我们可以将其分为可再生能源 (renewable energy) 和不可再生能源 (nonrenewable energy)。可再生能源指的是不会随其本身的转化或人类的利用而越来越少的能源，比如水能、风能、潮汐能、太阳能等，这些都是我们可以从自然界中可持续获取的能源。不可再生能源指的是随人类的利用而越来越少的能源，比如石油、煤、天然气、核燃料等。值得注意的是，人类使用方式的变化会导致划分归类的变化，比如木柴，人类砍伐的速度如果慢于森林正常生长的速度，那么木柴就是可再生能源，否则将成为不可再生能源。

(四) 常规能源和非常规能源

按在当前技术经济条件下能源推广使用的成熟程度分类，我们可以将能源分为常规能源/传统能源 (conventional energy/traditional energy) 和非常规能源/替代能源/新能源 (nonconventional energy/alternative energy/new energy)。常规能源或者传统能源指的是使用技术相对成熟、在生活中使用普遍的能源，比如我们生活中经常见到的能源——煤炭、汽油、天然气、薪柴燃料、水能等。非常规能源、新能源或者替代能源指的是技术成熟度不足等因素导致当前使用量相对较低的能源，比如太阳能、风能、地热能、潮汐能、氢能、生物质能等。值得注意的是，技术的变化会导致划分归类的变化。例如核能，在技术发展初期通常被视为非常规能源，但是随着技术的进步以及推广应用，核能已经成为一些国家 (如法国) 的常规能源。

(五) 清洁能源和非清洁能源

按对环境的影响分类，我们可以将能源分为清洁能源 (clean energy) 和非清洁能源 (non-clean energy)。清洁能源指的是对环境无污染或污染很小的能源，比如太阳能、水能、海洋能等。非清洁能源指的是对环境污染较大的能源，比如煤、石油等。值得注意的是，清洁能源和非清洁能源是相对概念，例如天然气相对于煤和石油是清洁能源，而相对于水能则是非清洁能源。

除此之外，还有其他的分类方法，比如按照交易属性分类成商品能源 (市场上交易的能源) 和非商品能源 (如自行拾取的薪柴)，以及按照实物形态分类成固体能源 (如煤炭、木材)、液体能源 (如汽油、柴油) 和气体能源 (如天然气、液化石油气)，按照宇宙来源分为来自地球的能源 (如地热能)、来自地球外天体的能源 (包括风能、太阳能、化石能源等大多数能源)，以及来自地球和其他星体相互作用的能源 (如潮汐能)。这些分类方法有助于我们从不同角度去认识能源。

二、能源评价

为了正确选择和使用能源，需要对各种能源的优缺点进行正确的评价，我们可从以下几个方面入手。

(一) 储量

能源储量是能源丰富程度和可得性的核心指标，指在一定技术和经济条件下能够生产的能源资源。矿物能源储量指标常分为地质储量和探明储量两类。前者是指由地质勘探部门根据地质和成矿理论及相应调查方法所推算出的储量；后者一般是指经过详细勘探查明，在预期的当地经济条件下，可用现有技术开采的储量[①]。

在对能源进行开采时需依据其储量及预期耗竭年限进而确定开采计划。以全球使用量最高的化石燃料石油为例，每个国家的储采比 (即年末剩余储量除以当年产量后得到的按当前生产水平尚可开采的年数) 都不一样，如果一个国家的开采活动和勘探活动不考虑其储采比进行调节，可能导致石油开采的不可持续。

① 封吉昌. 国土资源实用词典. 武汉：中国地质大学出版社有限责任公司，2011。

在考察储量的同时通常还要对能源的可再生性和地理分布作出评价。太阳能、风能、水能等能源可再生，可循环使用；而煤、石油、天然气等则不可再生，因此开发利用过程中需要注意其可持续性并有针对性地寻找合适的替代品。此外，能源的地理分布对其可得性也有重大影响，例如，我国煤炭资源多在西北，水能资源多在西南，工业区却在东部沿海，因此能源供需存在地理上的不匹配问题需要解决。

(二) 储能的可能性与供能的连续性

储能的可能性是指能源在闲置时可以被储存，而需要时又可以及时供应的特点。供能的连续性是指能否根据需求和耗能速度连续不断地供给能量的特点。二者衡量了特定能源满足稳定用能需求的能力。传统火力发电相比太阳能发电和风力发电具有更好的连续性，因此现阶段支撑电力需求仍然以传统火力发电为主，太阳能发电和风能发电的大规模推广则需要增加储能能力或者匹配稳定供能系统作为其补充。

(三) 开发费用与用能设备费用

能源开发费用是指为满足能源需求，利用相关技术手段获取能源的费用。而在能源开发完成后，则需要用能设备来使用能源，相应的设备投入称为设备费用。不同能源的开发和设备成本及其结构可能存在巨大差异。例如，核电站的核燃料费用远低于燃煤电站，而设备费却较高。

(四) 运输费用和损耗

能源从产地运输到消费地需要单独的基础设施从而造成额外费用，且运输过程将造成进一步的能源损耗：一方面是运输工具的用能，另一方面是能源泄漏或氧化造成损耗。与秸秆等生物质能源相比，传统化石燃料较易实现从产地到用户端的低成本运输，而核燃料的高能量密度使其运输费用进一步下降。总的来说，能源的运输费用和损耗是其成本的一个重要部分，例如，根据中国电力企业联合会数据，2020 年中国电力企业线损电量为 3651 亿 kW·h，占全国发电量的 4.69%。

(五) 对环境的影响

能源使用过程中会污染环境造成负外部性，因此需要综合考量各种能源使用带来的经济效益和其环境效应。在煤和石油的开采过程中都会对环境和水资源造成负面影响。在利用过程中，化石燃料的燃烧会增加温室气体的排放，还会带来氮氧化物、二氧化硫、挥发性有机化合物和重金属等空气污染物，其中的酸性物质和水汽混合后降落地面会形成酸雨。而太阳能、氢能、风能等虽然在使用过程基本上不会对环境造成污染，但如果从全生命周期角度对其间接投入进行分析，其设备生产和废弃过程中也有可能会对环境造成影响。

(六) 能量密度

能量密度是指在一定的空间或质量物质中储存能量的多少，一种能源的能量密度决定了其被用作主要能源的容易程度。常见能源的能量密度见表 2-1。

表 2-1 各类能源的能量密度

能源类别	能量密度
太阳能 (地表全时平均)	160W/m^2
秸秆	约 1.5×10^{4}kJ/kg
汽油	4.4×10^{4}kJ/kg
甲烷	5.0×10^{4}kJ/kg
氢	1.2×10^{5}kJ/kg
天然铀	5.0×10^{8}kJ/kg
铀-235(核裂变)	7.0×10^{10}kJ/kg
氘 (核聚变)	3.5×10^{11}kJ/kg

扩展阅读 IS IT TRUE?

对一则新闻报道的探析：可燃冰能量密度究竟几何？

可燃冰是 20 世纪科学考察中发现的一种新的矿产资源，是由水和天然气在高压和低温条件下混合形成的类冰的、非化学计量的、笼形结晶化合物，与天然气相比更为纯净，在降温减压后可释放出大量的甲烷气体。海底可燃冰储量丰富，据估计，其储量足够人类使用 1000 年，故被誉为“未来能源”。

对于可燃冰的能量密度，某媒体平台曾给出如下报道，随即引发大量争议：“如果加入 100L 天然气，汽车能够行驶 300km 的话，那么使用 100L 可燃冰，汽车则能行驶 50000km。”这样的话，如果按汽车正常里程数计算，加满一次可燃冰可供汽车行驶两年，这个匪夷所思的数据是真实的吗？

我们可以计算一下，在标准状况下 (即温度为 20℃，压强为 101.325kPa 状态下)1m^3 可燃冰可转化为 164m^3 的天然气，上述报道认为 100L 可燃冰提供的能量是 100L 天然气的 164 倍，因此该报道可燃冰汽车行驶里程按照 300km 的 164 倍计算约等于 50000km。但在上述计算过程中存在一个对能量密度的误解。事实上，1m^3 可燃冰转化为 164m^3 的天然气是指在标准状态下的气态天然气，而目前的清洁能源汽车使用的是压缩天然气 (compressed natural gas，CNG)，这种压缩天然气密度是标准状态下气态天然气的 600 倍，因此上述报道中的“100L 天然气”相当于在标准状态 60000L 的天然气，而 100L 可燃冰所释放的天然气在标准状况下约为 16400L，根据比例关系，100L 可燃冰大约能够供汽车行驶 80km。也就是说，报道人员混淆了压缩和常规天然气的能量密度，从而使可燃冰能量密度“扩大”了 600 倍！

第二节 能源计量

所谓能源计量，是指在能源生产、存储、转化、利用、管理和研究中，实现单位统一、量值准确可靠的测量和计算活动。

一、能源计量单位

能源计量单位是指表示能源的量和功率的计量单位。由于针对不同能源品种以及在不同国家采用的假设和核算惯例经常存在差异，所以对能源统计进行比较时，能源单位的换算必不可少。

最基本的能源计量单位也就是能量的国际计量单位——焦耳 (J)，其他日常生活中常见的能源计量单位包括卡路里 (cal)、英热单位 (Btu) 和千瓦时 (kW·h) 等，这些代表了能量的热度量或者功度量。表 2-2 和表 2-3 给出了部分常用能量计量单位与国际计量单位之间的换算因子。

在很多情况下，人们可能采用“非能量”单位来计量能源，例如质量单位 (吨)、体积单位 (升、立方米、桶)、当量单位 (吨油当量、吨煤当量) 等。这些单位换算成焦耳需要知道能源的热含量信息 (即热值)。例如，1 吨热值为 5000 大卡 (1 大卡 =1000 卡路里，这里热值代表每千克燃料的低位发热量) 的煤炭能量约为 2.093×10^{10}J。此外，在进行能源计量单位换算过程中可能也会用到其他体积、质量等换算系数，表 2-3 给出了一些常用的换算系数。

表 2-2 常用能量计量单位与国际计量单位的换算 ①

常用计量单位	国际计量单位
1 千卡 (kcal)	$=4.186\times10^{3}$ 焦耳 (J)
1 千瓦时 (kW·h)	$=3.6\times10^{6}$ 焦耳 (J)
1 兆电子伏 (MeV)	$=1.60219\times10^{-13}$ 焦耳 (J)
1 英热单位 (Btu)	$=1.055\times10^{3}$ 焦耳 (J)

表 2-3 常用换算系数

单位	值
	体积换算
1 美加仑	3.785 升
1 英加仑	4.546 升
1 桶	158.9 升 (或 42 美加仑)
1 立方英尺	0.0283 立方米
1 立方米	1000 升
	质量换算
1 千克	2.2036 磅
1 吨	1000 千克
1 磅	453.6 克
1 吨原油	7.33 桶
	其他常用换算系数
1 立方米天然气	35.3 立方英尺天然气
1 立方英尺天然气	0.028 立方米天然气
10 亿标准立方米天然气	0.9 百万吨油当量 (Mtoe) 或 25.7 万亿英热单位 (TBtu)
1 标准立方英尺天然气	1000 英热单位 (Btu)
100 万吨液化天然气 (LNG)	13.6 亿立方米天然气或 480 亿立方英尺

由于很多能量计量单位之间存在跨数量级的差距，因此表示数量级的词头在能量计量中非常常见，例如 2.093×10^{10} J 可以采用词头简写为 20.93 GJ，表 2-4 给出了国际单位制中常用的词头。

① 数据来源：[Germany]Mantu·Kumar·Ghosh. HPLC Methods on Drug Analysis // Conversion of Imperial and SI Unit Equivalents of other Units. Berlin：Springer-Verlag Berlin Heidelberg，1992。

表 2-4 常用国际单位制词头

词头外文名称	词头符号	所代表的因数
kilo	k	10^3
mega	M	10^6
giga	G	10^9
tera	T	10^{12}
peta	P	10^{15}
exa	E	10^{18}

扩展阅读 有趣的能源单位

1. "马力" 怎么来的?

马力 (horsepower) 是一种衡量机械功率的单位，通常用于描述发动机的输出功率。马力的符号为 hp，其对应的国际单位制符号为 W(瓦特)。

据说马力这个单位最初是由英国工程师詹姆斯 · 瓦特 (James Watt) 在 18 世纪末定义的：瓦特看到一个煤矿使用小马将煤炭从矿井中拉上来，他发现一匹小马在一分钟内大约可做 22000 英尺 · 磅力的功，然后他将这个数字增加 50%用来代表一匹马做功的能力，于是将马力定义为 33000 英尺 · 磅力/分钟，即 550 英尺 · 磅力/秒 (国际单位为 745.7 W)。

2. 一桶原油为什么是 1 bbl?

"bbl" 用作原油单位 "桶" 的缩写是早在石油产业确立起并一直沿用至今的，现在它已经被广泛认可和使用于石油工业及相关领域，如金融、交易和运输等。这个缩写已经使用得如此普遍，以至于很多人可能甚至没有注意到其中多余的一个字母 "b"。据说这个缩写的来源是在早期美国石油贸易者为了方便计量，统一使用蓝色的 42 加仑木桶来装原油，后来虽然蓝色木桶已经不再使用，但是用 blue barrel 及其缩写 bbl 作为原油计量单位的习惯也流传了下来。

3. 百万英热单位 MMBtu 为什么有两个 M?

在天然气计量单位中有时候使用 MMBtu 代表百万英热单位，这个缩写单位的来源有两个说法。一是 MMBtu 是 metric million British thermal unit (或者 million metric British thermal unit) 的缩写；二是这个缩写来源于罗马字母的表达习惯，在罗马字母中 M 代表一千，因此 MM 代表一百万 (但在标准罗马数字中 MM 表示两千)。

二、能源价格换算

能源市场上同时存在着多种能源，每种能源使用的计量单位并不相同，因此，能源的价格单位也不相同。要对它们进行经济成本上的合理比较，首先需要把它们转换成同一个标准的能源计量单位。

例如，很多工业锅炉厂或者发电厂既可以使用石油也可以使用天然气作为能源，企业会选择获取相同热量时价格更低的一种燃料。假设石油价格为 60 美元/bbl，天然气价格为 5 美元/MMBtu。经过换算可以得到石油的价格约为 10 美元/GJ，而天然气为 5 美元/GJ。所以在公平竞争并且只考虑燃料成本时，通常企业会选择相对更便宜的天然气。

此外，投资者也经常使用一个标准化的单位来计算用于转换或转化能源的机器所要耗费的资本成本。一个常见的标准单位是元/千瓦装机容量，用于表示所购买的设备每千瓦装机容量对应的初始投入成本。通常情况下，由于规模效应的存在，单位装机容量的成本会随着其单机功率的提高而降低。

练习题 汽车选择

忽略贴现率 (将未来货币折为现值所使用的利率) 的情况下，应该购买哪种车？

	燃油汽车	电动汽车
售价	12 万元	15 万元
效能	6 升汽油/百公里	15 千瓦 · 时/百公里
燃料价格	8 元/升汽油	1.2 元/(千瓦 · 时)(公用充电桩)
保险保养	3000 元/年	5000 元/年
使用年限	8 年	8 年
使用频率	10000 公里/年	40000 公里/年
余值	5 万元二手售价	2 万元报废补贴

三、能源效率与能源效能

在分析能源使用的成本收益时，我们通常会考虑获取能源的效率 (能效) 或者实现特定目的所支出的成本 (效能)，这时则需要区分一次能源、终端能源、有用能和能源服务这些概念 (图 2-1)。一次能源是指自然界中以原有形式存在的、未经加工转换、可供直接利用的能量资源，代表了能源刚刚进入经济系统时的状态；终端能源是指以某种形式出售给想要使用它的经济实体的能源形式；有用能是指最终用于制造某种商品或者提供某种服务的能源；能源服务是人类真正需要的商品和服务，能源是其中的必要成分之一。

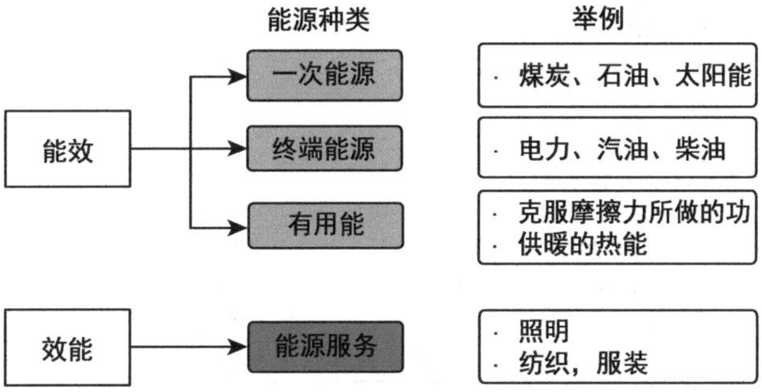

图 2-1　能效和效能概念差异

(一) 能效

由于能源使用过程中通常都依次经历从一次能源到终端能源再到有用能的转换过程，我们通常定义一个指标来研究转换过程的效率，这个指标就是能效 (energy efficiency)。更一般地，能效是指能源利用过程中，发挥作用的与实际消耗的能源量之比。

能效是一个无量纲数，且不大于 1。根据热力学第二定律，不是每一种能量都可以连续地、完全地转换为任何一种其他形式的能量。事实上，由于存在着耗散作用、不可逆过程以及可用能损失，在能量转换和传递过程中，各种热力循环、热力设备和能量利用装置的效率都不可能达到 100%(图 2-2)。

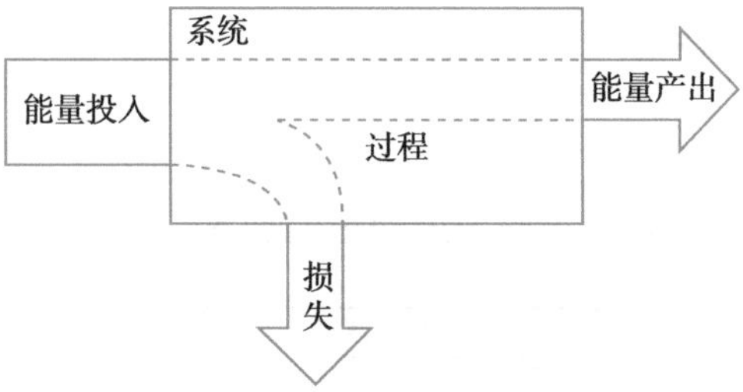

图 2-2　能量损失示意图

比如，在煤炭利用过程中，从开采出来到转化为最后一辆电动汽车的转动轴功，经过了多种能量形式之间的转换，且在转换过程中不可避免地存在能量损耗，能源效率便是用来衡量这一转换效率的指标。因此，能源效率的计算公式为

能源效率 = 有用能产出 / 能源投入

典型能耗设备的能效可见表 2-5。

表 2-5　典型能耗设备的能效

活动/设备	能源转换过程	能源转换效率
汽油发动机	化学能 (汽油) 转化为机械能	20%～30%
柴油发动机	化学能 (柴油) 转化为机械能	30%～40%
火力发电	化学能 (煤炭等) 转化为热能，再转化为电能	30%～40%
光伏发电	光能转化为电能	多晶硅 15%～20%；单晶硅约 20%
风力发电	风的动能转化为电能	40%～50%
水力发电	水的势能转化为电能	80%～90%
白炽灯泡	电能转化为光能和热能	5%～10%
LED 灯	电能转化为光能	50%～80%
电动汽车 (电池到机械能)	电能转化为机械能	60%～80%
电动汽车充电 (电网到电池)	电能转化为化学能	80%～90%
电解铝	电能转化为化学能	40%～50%
机械传动系统	机械能从发动机输出到工作部件	70%～80%
生物体内肌肉做功	化学能 (食物) 转化为机械能	20%～25%
植物光合作用	光能转化为化学能	约 1%
锅炉烧水	化学能 (燃料) 转化为水的内能	约 25%

(二) 效能

当我们关注可以从能源使用中获得的效用时 (比如驾驶一辆汽车行驶的里程、家中灯泡的照明量)，经常关注投入的能量和得到的能源服务的比例，即投入产出比。因此可以定义效能 (energy efficacy) 为：投入某种产品的能源和其带来的效用之比，也就是说效能衡量的其实是获得一定的能源服务所需要的能源成本。效能计算公式为

效能 = 能源投入 / 能源服务产出

消费者通常希望得知其得到的能源服务的成本，所以引入效能的概念是十分必要的。一般而言，消费者可以通过对相关产品的长时间使用，获得一个效能的并不精确但有用的经验值，例如汽车的百公里能耗。有时候消费者惯于将能源投入转换成费用支出，例如对家中空调的效能估计以每晚耗费电费来估计。

(三) 区分能效和效能

能效和效能二者看似均在衡量投入产出之比，但在原理和应用上是存在差别的。

首先，效能中的能源服务和能效中的有用能产出是两个不同的概念。有用能产出作为能量则可以用物理单位衡量，而能源服务并非物理量。

其次，二者的应用场景不同。当谈及能源服务领域比如家用电器、交通工具等，选择效能对消费者而言更为直观便捷；而在研究能源利用和加热、冷却等过程时，选择能效关注能量产出则更有意义。

练习题 能量比较

(1) 一辆电动汽车电池容量为 85kW·h，而一辆燃油汽车有一个 40L 的油箱。那么，燃油汽车油箱所储存的能量是电动汽车电池的多少倍?

(2) 电力发动机比内燃机效率高得多。如果电动汽车每行驶 1km 只需耗电 0.17kW·h，而一辆燃油汽车每行驶 100km 需要 7L 油，那么，这辆燃油汽车的续航里程比电动汽车大多少?

(3) 假设前面提到的电动汽车 (85kW·h 电池，0.17kW·h/km) 以 100km/h 的速度行驶。那么，在这个速度下，电动汽车的发动机输出功率是多少?

第三节　能源平衡表与桑基图

一、能源平衡表

(一) 能源平衡表定义与样式

能源平衡表 (energy balance sheet) 是一种包含能源的供应、转化和消费平衡关系的数据表。能源平衡表的原理是能量守恒定律，即能量在转化和使用过程中总和不变，是描述能源消耗、变化与转换的统计数据库，其为能源政策和能源管理决策提供了有效的工具。

(1) 能源平衡表用来反映全国或者一个地区的能源系统情况，因此按区域通常分为全国能源平衡表和地区能源平衡表。

(2) 按计量单位的不同可分为实物量和标准量的能源平衡表。

(3) 按所含能源品种又可分为单项能源平衡表和综合能源平衡表。

能源平衡表采取行列的矩阵形式，其中列向表头信息表示能源的流向，包括能源资源的形式和使用方向，行向表头信息表示能源的品种，包括一次能源和二次能源，我国官方编制的能源平衡表列向及行向表头分别如表 2-6 及表 2-7 所示。在编制标准量综合能源平衡表之前，需要先编制用实物量单位表示的单项能源平衡表，之后根据每种能源各自的热值，换算成标准煤数量。

表 2-6　我国官方编制的能源平衡表列向表头

项目	……				
一、可供本地区消费的能源量					
1. 一次能源生产量					
水电					
核电					
风电					
2. 进口量					
3. 境内轮船和飞机在境外的加油量					
4. 出口量 (−)					
5. 境外轮船和飞机在境内的加油量 (−)					
6. 库存增 (−)、减 (+) 量					
二、加工转换投入 (−) 产出 (+) 量					
1. 火力发电					
2. 供热					
3. 煤炭洗选					
4. 炼焦					
5. 炼油及煤制油					
# 油品再投入量 (−)					
6. 制气					
# 再投入量 (−)					
7. 天然气液化					
8. 煤制品加工					
9. 回收能					
三. 损失量					
四. 终端消费量					
1. 农、林、牧、渔业					
2. 工业					
# 用作原料、材料					
3. 建筑业					
4. 交通运输、仓储和邮政业					
5. 批发和零售业、住宿和餐饮业					
6. 其他					
7. 居民生活					
城镇					
乡村					
五. 平衡差额					
六. 消费量合计					

注：资料来源为《中国能源统计年鉴 2023》。

(二) 包含的平衡关系

1. 本地能源供需平衡

能源平衡表从上往下第一个子矩阵是“可供本地区消费的能源量”，体现了能源资源与使用平衡，包括资源和使用两个部分，分别表示能源的来源和去向。由于通常一个开放的地区或者国家能源不是恰好自给自足的，所以一般都存在地区之间和国家之间的能源调拨，对应在全国能源平衡表中设置“进口量”和“出口量”两个指标，在地区能源平衡表中还需要额外设置“外地 (省) 调入量”和“本地 (省) 调出量”两个指标。综合来看，可供本国消费的能源量的计算公式为

可供本国消费的能源量 = 一次能源生产量 + 进口量

+ 境内轮船和飞机在境外的加油量 + 库存减量–出口量

– 境外轮船和飞机在境内的加油量 – 库存增量

表 2-7　我国官方编制的能源平衡表行向表头

	能源合计	煤合计	原煤	洗精煤	其他洗煤	煤制品	煤矸石	焦炭	焦炉煤气	高炉煤气	转炉煤气	其他煤气	其他焦化产品	油品合计	原油	汽油	煤油	柴油	燃料油	石脑油	润滑油	石蜡	溶剂油	石油沥青	石油焦	液化石油气	炼厂干气	其他石油制品	天然气	液化天然气	热力	电力	其他能源
发电煤耗计算法																																	
电热当量计算法																																	

2. 加工转换平衡

综合能源平衡表从上往下第二个子矩阵表示能源加工转换平衡，反映了二次能源的生产部门 (如发电厂、炼油厂、焦化厂、煤气厂等) 在生产过程中投入的能源与产出的能源之间的平衡情况。第一个子矩阵得到的可供本地区消费的能源数量为第二个矩阵加工转换投入产出平衡的基础数据。在第一个矩阵中强调各种能源品种纵向的平衡，而在第二个矩阵中由于对能源加工得到不同的产出品，所以存在不同能源品种的流动，强调的是横向平衡。这里的等量关系是：投入量 – 加工转换损失量 = 产出量。

3. 终端消费平衡

综合能源平衡表从上往下第四个子矩阵 (第三个子矩阵为损失量对应的行) 表示终端能源消费平衡，即生产和生活中最终的直接消费平衡。终端消费也称最终消费，是与中间使用相对而言的。中间使用是指加工转换过程中投入的能源，这部分能源经过加工转换出的二次能源，虽然在品质上得到提高，但它仍具有能源属性，可继续作为能源使用。终端能源消费将能源转换成热能或动力，或者经过化学物理变化，生产各种新的化工产品，从根本上改变了能源原有的物理化学性能，不再作为能源重复投入使用，因此称为终端消费。

4. 其他平衡

综合能源平衡表中，除了以上三个子矩阵，还有 “损失量”、“平衡差额” 及 “消费量合计” 三项。其中 “损失量” 是指能源在生产、输送、储存过程中发生的经营管理损失，以及由自然灾害等客观原因造成的损失，但不包括加工转换损失。此外，由于实际的统计工作难免存在纰漏，能源资源和使用数据往往不能完全平衡，于是产生平衡差额，衡量了统计的误差。等量关系为：平衡差额 = 可供本地区消费的能源量 + 加工转换损失量 (表中将能量减少标为负值) − 损失量 − 终端消费量。

(三) 关于能源总量的两种计算方法

能源统计中，可以通过两种计算方法来获得与各种能源的供应、转化和消费相关的总量数据：发电煤耗计算法和电热当量计算法。两种计算方法的区别如下所述。

(1) 发电煤耗计算法是指水电、核电及其他可再生能源发电所获得的电力按当年平均火力发电煤耗换算成标准煤。由于我国的电力主要来源于燃煤电厂的火力发电，因此发电煤耗计算法在我国较为常用，2019 年我国能源平衡表的发电煤耗法折算系数为 289 克标准煤/(kW·h)。

(2) 电热当量计算法是指水电、核电及其他可再生能源发电所获得的电力按照自身的热功当量换算成标准煤，采用的折标系数为 1 万 kW·h=1.229t 标准煤。

电热当量计算法没有考虑煤电转换系数，计算结果低于发电煤耗计算法的结果。国际能源数据一般采用电热功当量计算法。为了兼顾国内和国际不同需求，在《中国能源统计年鉴》中计算能源生产总量和能源消费总量时，分别按照这两种计算方法列出了数据。

二、桑基图

(一) 桑基图定义与来源

桑基图 (Sankey diagram) 是一种数据可视化图表，用于显示多个阶段或类别之间的流动和数量关系。它通过使用带有不同宽度的线条来表示物质、能量、资金等在系统中的流动情况，同时用节点表示各个阶段或类别，可以直观地展示数据之间的联系。用来表示能量流动的桑基图又称能流图，是能源平衡统计数据的一种常见可视化表达形式。

桑基图是以爱尔兰人马修 · 亨利 · 菲尼亚斯 · 里亚尔 · 桑基 (Matthew Henry Phineas Riall Sankey) 的名字命名的，他在 1898 年用了一个经典的图表来显示蒸汽机的能效 (图 2-3)。作为一种特定类型的流程图，桑基图中延伸的分支宽度对应数据流量的大小。桑基图最明显的特征就是，始末端的分支宽度总和相等，即所有主支宽度的总和应与所有分出去的分支宽度的总和相等，保持能量的平衡。当前，桑基图经常被用于能源、材料成分、金融等数据的可视化分析。

(二) 桑基图的绘制

为了对一个系统的能源平衡进行可视化展示，我们可以绘制相应的桑基图。由于很多通用软件的出现，绘制桑基图的过程变得非常简便，通常我们的工作可分为数据收集整理、生成桑基图、展示效果优化三个步骤。以下我们以中国的能源系统为例介绍一个简单桑基图的绘制过程。

1. 数据的收集整理

绘制桑基图时应采纳可靠的数据来源，可靠的数据来源包括但不限于国家能源统计年鉴、国际能源署 (IEA)、英国石油公司 (BP) 等国际组织和大型公司编写的能源展望等材料，调研获得的详细数据通常也可以用于制作能源平衡表。收集到的不同数据类型应当进行处理，便于下一步使用。以下我们介绍在具有不同数据基础时的数据处理过程。

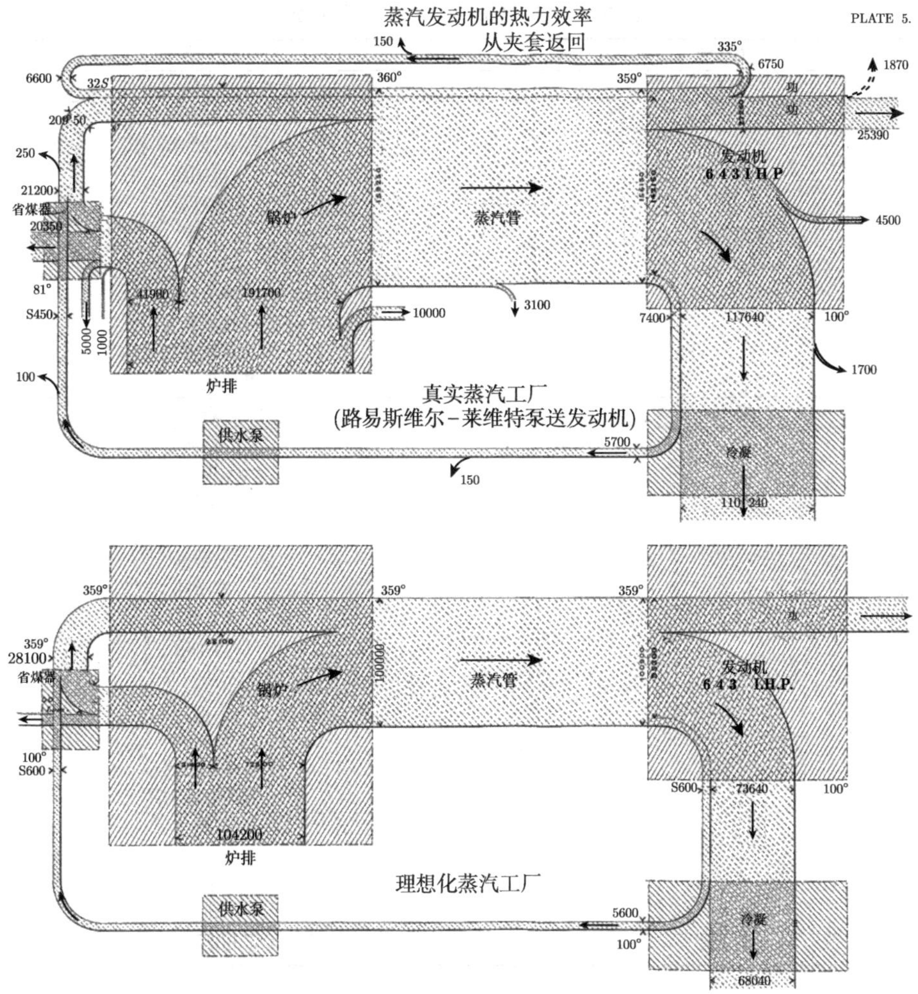

图 2-3　桑基蒸汽机能流图 ①

1) 可以直接获取标准量能源平衡表时

首先对列数据进行合并处理，例如针对中国标准量能源平衡表，由于存在多种能源品种，为了使得可视化的桑基图突出展示最为重要的信息，我们需要对部分次要数据进行合并。例如可以将各列数据按表 2-8 关系加总合并为原煤、煤焦产品、原油、石油产品、天然气、电力、热力、其他能源八列。

其次对行数据进行处理，例如针对中国能源平衡表可以将行数据精简合并为 13 行，分别是本地生产，进口及其他输入，出口及其他输出，回收能，发电，产热，洗煤、炼焦及煤加工，炼油，制气及液化，工业，交通，其他行业，居民。能源平衡表行合并规则见表 2-9。

① 图片编辑自: Sankey M H P R. 1898. Introductory note on the thermal efficiency of steam-engines. Report of the committee appointed on the 31st March, 1896, to consider and report to the council upon the subject of the definition of a standard or standards of thermal efficiency for steam-engines: With an introductory note. Minutes of Proceedings of the Institution of Civil Engineers 134: 278-283. incl. Plate 5. Also published in: The Engineer 86, Sept. 2, 1898: 236-237。

表 2-8　能源品种与子类对应关系

能源品种	子类
原煤	原煤
煤焦产品	洗精煤 其他洗煤 煤制品 煤矸石 焦炭 焦炉煤气 高炉煤气 转炉煤气 其他煤气 其他焦化产品
原油	原油
石油产品	汽油 煤油 柴油 燃料油 石脑油 润滑油 石蜡 溶剂油 石油沥青 石油焦 液化石油气 炼厂干气 其他石油制品
天然气	天然气 液化天然气
电力	电力
热力	热力
其他能源	其他能源

表 2-9　能源平衡表行合并示意表

序号	合并后项目	待合并内容
1	本地生产	一次能源生产量
2	进口及其他输入	进口量 + 境内轮船和飞机在境外的加油量 + 库存净减量
3	出口及其他输出	出口量 + 境外轮船和飞机在境内的加油量 + 库存净增量
4	回收能	回收能
5	发电	火力发电
6	产热	供热
7	洗煤、炼焦及煤加工	煤炭洗选、炼焦、煤制品加工
8	炼油	炼油及煤制油，油品再投入量
9	制气及液化	制气、煤炭再投入量、天然气液化
10	工业	工业
11	交通	交通运输、仓储和邮政业
12	其他行业	农、林、牧、渔业，建筑业，批发和零售业、住宿和餐饮业，其他
13	居民	居民生活

在以上行列数据的处理的基础上可以得到如表 2-10 所示的合并的能源平衡表，用于桑基图的绘制。

表 2-10　合并能源平衡表

	原煤	煤焦产品	原油	石油产品	天然气	热力	电力	其他能源
本地生产								
进口及其他输入								
出口及其他输出								
回收能								
发电								
产热								
洗煤、炼焦及煤加工								
炼油								
制气及液化								
工业								
交通								
其他行业								
居民								

2) 只能直接获取实物量能源平衡表时

当我们只能获得实物量能源平衡表时，需要先按照能源折算参考系数将实物平衡表转换为标准量平衡表，再使用 1) 中方法整理得出合并能源平衡表。能源折算参考系数受到能源种类的较大影响，常见能源折算可参考表 2-11，在实际运用中应当注意能源品类的差异性。

表 2-11　各种能源折算标准煤参考系数 ①

能源名称	平均低位发热量	折算标准煤系数
原煤	20908 kJ(5000 kcal)/kg	0.7143 kgce/kg
洗精煤	26344 kJ(6300 kcal)/kg	0.9000 kgce/kg
其他洗煤		
洗中煤	8363 kJ(2000 kcal)/kg	0.2857 kgce/kg
煤泥	8363～12 545 kJ(2000～3000 kcal)/kg	0.2857～0.4286 kgce/kg
焦炭	28435 kJ(6800 kcal)/kg	0.9714 kgce/kg
原油	41816 kJ(10000 kcal)/kg	1.4286 kgce/kg
燃料油	41816 kJ(10000 kcal)/kg	1.4286 kgce/kg
汽油	43070 kJ(10300 kcal)/kg	1.4714 kgce/kg
煤油	43070 kJ(10300 kcal)/kg	1.4714 kgce/kg
柴油	42652 kJ(10200 kcal)/kg	1.4571 kgce/kg
液化石油气	50179 kJ(12000 kcal)/kg	1.7143 kgce/kg
炼厂干气	45998 kJ(11000 kcal)/kg	1.5714 kgce/kg
天然气	32238～38931 kJ(7700～9310 kcal)/m^3	1.1000～1.3300kgce/m^3
焦炉煤气	16726～17981 kJ(4000～4300 kcal)/m^3	0.5714～0.6143kgce/m^3
其他煤气		
发生炉煤气	5227 kJ(1250 kcal)/m^3	0.1786kgce/m^3

① 资料来源于《中国能源统计年鉴 2023》。

续表

能源名称	平均低位发热量	折算标准煤系数
重油催化裂解煤气	19235 kJ(4600 kcal)/m^3	0.6571kgce/m^3
重油热裂解煤气	35544 kJ(8500 kcal)/m^3	1.2143kgce/m^3
焦炭制气	16308 kJ(3900 kcal)/m^3	0.5571kgce/m^3
压力气化煤气	15054 kJ(3600 kcal)/m^3	0.5143kgce/m^3
水煤气	10454 kJ(2500 kcal)/m^3	0.3571kgce/m^3
煤焦油	33453 kJ(8000 kcal)/kg	1.1429 kgce/kg
粗苯	41816 kJ(10000 kcal)/kg	1.4286 kgce/kg
热力 (当量)		0.03412kgce/(10^6J)(0.14286kgce/1000 kcal)
电力 (当量)	3600 kJ(860 kcal)/(kW·h)	0.1229kgce/(kW·h)
(等价)	按当年火电发电标准煤耗计算	
生物质能		
人粪	18817 kJ(4500 kcal)/kg	0.643 kgce/kg
牛粪	13799 kJ(3300 kcal)/kg	0.471 kgce/kg
猪粪	12545 kJ(3000 kcal)/kg	0.429 kgce/kg
羊、驴、马、骡粪	15472 kJ(3700 kcal)/kg	0.529 kgce/kg
鸡粪	18817 kJ(4500 kcal)/kg	0.643 kgce/kg
大豆秆、棉花秆	15890 kJ(3800 kcal)/kg	0.543 kgce/kg
稻秆	12545 kJ(3000 kcal)/kg	0.429 kgce/kg
麦秆	14635 kJ(3500 kcal)/kg	0.500 kgce/kg
玉米秆	15472 kJ(3700 kcal)/kg	0.529 kgce/kg
杂草	13799 kJ(3300 kcal)/kg	0.471 kgce/kg
树叶	14635 kJ(3500 kcal)/kg	0.500 kgce/kg
薪柴	16726 kJ(4000 kcal)/kg	0.571 kgce/kg
沼气	20908 kJ(5000 kcal)/m^3	0.714 kgce/m^3

3) 只能获取零散的数据时

根据所获取的数据编写能源实物量平衡表或能源标准量平衡表，并使用 1) 和 2) 方法进行转换生成合并的能源平衡表。

扩展阅读 部分常见能源数据来源

1. 英国石油公司 (BP) https://www.bp.com
2. 国际能源署 (IEA)：https://www.iea.org
3. 美国能源信息署 (EIA)：https://www.eia.gov
4. 经济合作与发展组织 (OECD)：https://stats.oecd.org
5. 国家发展和改革委员会价格监测中心：http://jgjc.ndrc.gov.cn/index.aspx
6. 中国经济社会大数据研究平台：https://data.cnki.net

2. 使用编程语言生成桑基图

1) 增加能源损失与能源服务列

根据“数据的收集整理”中的操作步骤已生成合并的能源平衡表，在合并的能源平衡表中增加能源服务列与能量损失列。将表 2-12 右下角 4×2 范围 (即工业、交通、其他行业、居民四行对应能源损失、能源服务两列的共八个单元格) 染成阴影。阴影部分计算能源服务和能源损失数值，其中能源服务数值等于该行各能源品种和乘以能源利用系数，能源利用系数与能源种类、技术水平等相关，在不同国家和地区存在较大差异。但转换一列能源利用系数通常设为 0，即假设扣除产出后的能源全部损失。

表 2-12　含能源服务与损失列的能源平衡表

	原煤	煤焦产品	原油	石油产品	天然气	热力	电力	其他	能源损失	能源服务
本地生产										
进口及其他输入										
出口及其他输出										
回收能										
发电										
产热										
洗煤、炼焦及煤加工										
炼油										
制气及液化										
工业										
交通										
其他行业										
居民										

2) 生成草图及数据校核

由于桑基图的广泛应用，已经有众多开发者开发了多种绘制桑基图的通用程序，帮助用户方便绘制桑基图。以下我们以在线桑基图绘制网站 SankeyMATIC(http://www.sankeymatic.com/build/) 为例 (网站界面见图 2-4) 说明桑基图的在线绘制过程。利用该网站，我们只需将原有的合并能流图形转换为“流入端 [数值] 流出端”语句，并将语句按行排列上传到 SankeyMATIC 系统，然后单击网站上的 Preview 按键即刻生成草图。将数据转换成网站所需语言的操作可以通过 Excel 中的 IF 函数、CONCATENATE 函数等来实现。为方便修改与上传到 SankeyMATIC 系统，最后应将语句由二维表格修改为一维的列的形式。

通过草图可以对能流图的数据进行初步校核，若出现能流图的流入、流出误差较大，可能是用户的数值输入错误，正负号方向混淆所致。能源折算参考系数与能源利用系数的选取对能流图的平衡无影响，能流图的不平衡一般是由数据本身的质量或用户在处理能流图数据时的误差造成的。

3. 展示效果优化

绘制桑基图的目的是让读者通过简明的可视化图像，对一个系统的能源平衡情况有一个快速、直观的了解，而桑基图的展示效果——例如颜色、排列、文字展示等——对其功能的实现起到了重要的影响，因此桑基图的美化是绘制过程中最重要的环节之一。

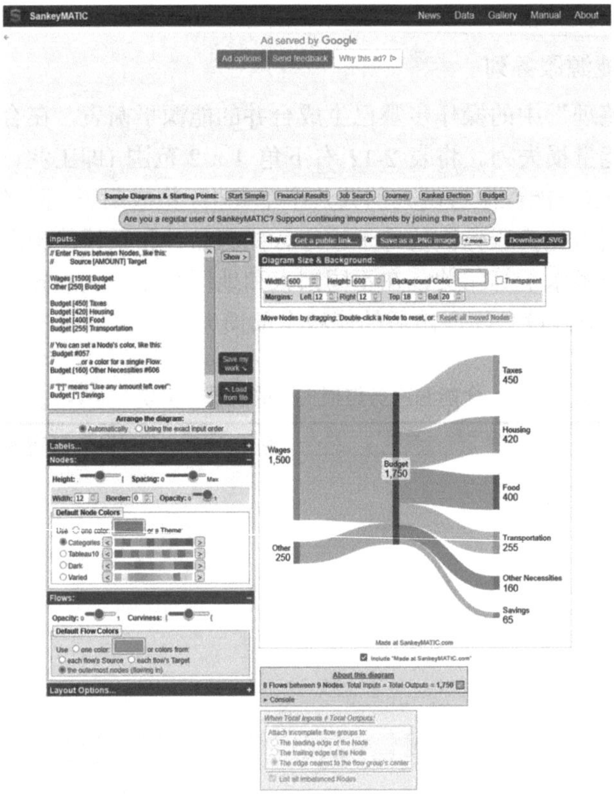

扫一扫
看彩图

图 2-4 网站界图 (2025 年 3 月 25 日访问)

为保证能流图的可读性与美观性，可以使用 SankeyMATIC 系统或 Power BI 能流图在线生成系统对桑基图的配色、清晰程度、线条弯曲与粗细程度等指标进行修改。为保证简洁美观性，若部分能源项目数值较小，则可选择不予展示，但建议保证桑基图左右两端的差额不大于总流入/流出的 5%。

练习题 桑基图制作

利用自己搜查到的数据，进行一次桑基图的制作。要求最后桑基图左右两端的差额不大于总流入/流出的 5%。

扩展阅读 大流行降低了美国 2020 年能源使用量 ①

本阅读内容改写自美国劳伦斯–利弗莫尔国家实验室 (LLNL) 对 2020 年美国能源消费桑基图的分析，试图提供一个较为规范的桑基图分析文本，为读者提供一些阅读桑基图的提示与想法。

根据 LLNL 发布的桑基图 (图 2-5)，美国在 2020 年减少了约 7%的能源使用，部

① 内容参考 https://st.llnl.gov/news/st-highlights/pandemic-drives-down-us-energy-use-2020，最后访问于 2025 年 3 月 25 日。

分原因是 COVID-19 大流行。

LLNL 每年都会发布桑基图来说明美国的能源消费和使用情况。2020 年，美国人使用了 92.9 quads(10^{15}Btu) 的能源，比 2019 年减少了 7.2 quads，减少了 7%。美国历史上能源消耗最高的一年是 2018 年，消耗了 101.2 quads。

根据桑基图的对比可以发现，即使在能源使用量大幅下降的情况下，可再生能源还是取得了显著进展：太阳能和风能在 2020 年分别增长了 19%和 10%。

LLNL 能源小组负责人 A.J. 西蒙表示，“太阳能和风能持续同比增长，这对能源系统来说是一个巨大的变化。在 2020 年，总发电量仅略有下降，大量煤炭发电被可再生能源取代。”总的来说，天然气使用量下降了 2%。其中，由于商业活动减少，商业部门的天然气使用量下降了 11%；同时由于 2020 年冬天相对温暖，住宅部门的天然气使用量下降了 7%。这些下降趋势部分被电力部门加大天然气使用量 (以及可再生能源) 以取代煤炭消耗的政策影响所抵消。

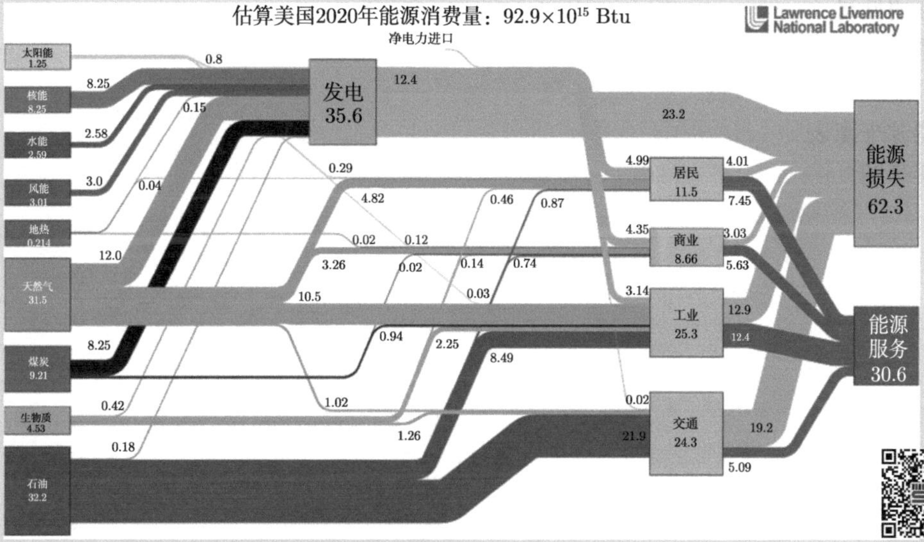

图 2-5 美国 2020 年能源消费桑基图

扫一扫
看彩图

终端消费部门中，住宅用电出现了能源消耗异常，较 2019 年增长了 2%。可以认为，居家隔离和在家办公政策促成了这一增长。与之相反的是，由于人员流动性大幅减少，交通运输能源使用量下降了 14%。

西蒙说：“对能源来说，这无疑是有趣的一年。总体而言，消费量比前一年下降了近 7%。坦率地说，我很惊讶，在这么多人在家工作和学习的情况下，我们没有看到住宅能源使用有更大增长。”

所有能量的使用和转换都会导致一些损失，这些损失在图表中显示为废能。随着能源效率的提高，废能的数量会减少。2020 年，废能比 2019 年下降了 7%。这种能量通常以废热的形式出现，比如汽车和火炉排出的热废气。一个国家的汽车、灯泡和工厂的效率决定了产生多少废热，以及有多少燃料和电力可以投入生产使用。

关 键 术 语

化石能源
非化石能源
一次能源
二次能源
可再生能源
不可再生能源
常规能源/传统能源
非常规能源/替代能源/新能源
清洁能源
非清洁能源
地质储量
探明储量
能效
效能
能源平衡表
桑基图

第三章　气候变化概述

本 章 提 要

- 气候是指一个区域的温度、湿度、气压、风、降水等气象要素在很长时期中的综合状态。
- 气候变化是指统计上能够识别的气候的平均状态和/或其变异性的持续性改变。
- 当前气候变化的主要表现为全球变暖和气候极端事件增加。
- 公众通常用“全球变暖”或者“气候变化”来指代“由人为活动造成的气候变化”。
- 大气层在允许太阳辐射到达地面的同时大量吸收地表辐射，使地表和低层大气温度升高，其效果就像栽培农作物的温室，因此人们把这一现象称为温室效应。
- 大气中能够加强温室效应的成分称为温室气体。
- 在自然界中对温室效应起最主要作用的温室气体是通过自然循环而普遍存在于大气中的水蒸气。
- 《京都议定书》中对二氧化碳、甲烷、氧化亚氮、六氟化硫、氢氟碳化物、全氟化碳六类温室气体的排放进行限制。

第一节　气候变化基本知识

气候是一个区域的气象要素 (主要包括温度、湿度、气压、风、降水等) 在很长时期中的综合状态。根据政府间气候变化专门委员会 (Intergovernmental Panel on Climate Change, IPCC) 第六次评估报告 (Sixth Assessment Report，AR6) 的定义，气候变化 (climate change) 是指统计上能够识别的气候的平均状态和/或其变异性 (与平均状态的差异) 持续较长一段时间 (通常十年以上) 的改变，即气候平均状态和变异性两者中的一个或两个一起出现了统计意义上的显著变化。根据该定义，气候变化既有可能由太阳活动周期、火山爆发等自然活动引起，也有可能由人类活动造成。现阶段人类感知到的气候变化的主要表现为全球变暖 (global warming) 和伴随而来的气候极端 (climate extreme) 事件增加，前者是气候平均状态的改变，而后者是气候变异性的改变。

尽管地球系统在漫长的历史中一直经历着由自然因素导致的显著变冷或变暖的气候变化，但这些变化通常是在一个非常长的历史时期中缓慢出现的，而自工业革命以来所发生的气候变化速度则被认为明显快于自然变化，因此科学家普遍认为，当前人类面临的气候变化的主要原因是人为活动而不是自然因素。

扩展阅读 全球变暖了多少？

IPCC 第六次评估报告认为，以工业化之前的 1850~1900 年为基准 (虽然工业革命从 18 世纪后半叶开始，但一般认为 19 世纪末之前工业化对气候的影响仍不显著，考虑到数据可得性，一般以 19 世纪后半叶作为气候基准)，2011~2020 年全球平均表

面温度 (global mean surface temperature) 上升了 1.09℃，其中陆地表面温度上升了 1.59℃，明显高于海洋表面升温的 0.88℃。

虽然全球变暖只是气候变化中的一个表现，而气候变化既有可能由自然因素造成也有可能由人为活动造成，但在一般语境下，公众通常直接采用“全球变暖”或者“气候变化”来指代“由人为活动造成的气候变化 (anthropocentric climate change)”。

扩展阅读 厄尔尼诺、拉尼娜与 ENSO

厄尔尼诺 (来源于西班牙语 El Niño，意指“小男孩”) 现象指的是太平洋中东部海面温度由于大气环流异常而明显升高的一种现象，通常每隔 2~7 年出现一次。与厄尔尼诺现象相反，人们把大气环流异常导致的太平洋中东部海面温度异常下降的现象称为拉尼娜 (来源于西班牙语 La Niña，意指“小女孩”) 现象。人们将上述两种现象与东太平洋赤道区域海面温度和西太平洋赤道区域的海面上气压的振荡式变动合并称为厄尔尼诺–南方振荡现象 (El Niño and southern oscillation，ENSO)。ENSO 虽然源自热带，却能对全球大气环流、气温和降水等造成影响。例如，当厄尔尼诺现象发生时，南美洲地区更容易出现暴雨，而东南亚、澳大利亚则更容易出现干旱。同时，在厄尔尼诺现象发生六个月后，全球平均地表温度通常上升 0.1℃ 左右，在强厄尔尼诺现象发生后升温甚至可能达到 0.2℃ 。

ENSO 属于自然因素导致的气候波动，由于其持续时间较短且一般具有变冷变热的往复周期性，因此通常不被归纳为气候变化的范畴。然而由于 ENSO 对短时间内 (通常是几个月) 的全球或局部气温和天气会造成显著的影响，因此忽略 ENSO 的存在可能会导致人们对于气候变化趋势产生误判，短期内产生了全球变暖增速或者逆转的错觉。

第二节　气候变化的成因

一、地球热力平衡

由于当前气候变化的主要表现是全球变暖，而全球变暖作为一种热力学现象又与热能的积聚紧密相关，因此想了解人类如何引起气候变化就需要知道人类活动对地球热能积聚的影响。

扩展阅读 全球变暖是由废热积聚造成的吗？

自工业化以来，人类大量使用能源，而根据热力学第一定律，人类使用能源后最终的废热不会消失，而是会耗散于环境——地球系统之中，从而造成热能积聚，那这种废热的积聚是否是引起全球变暖的主要原因呢？

要回答这个问题，从整个地球系统来看，我们可以估算全球废热积聚产生的升温效果。2020 年全球一次能源消费量约为 600EJ，这些能量最终都会以废热的形式排放。大气层总质量接近 6000 万亿 t，常温常压下大气比热容接近 1kJ/(kg·K)，因此 2020

年的能源消费足够让大气温度提高 0.1℃ 左右，这是一个非常快速的升温。

但上述估算存在一个重要的遗漏因素——陆地和海洋对热量的吸收，因为燃烧燃料产生的热量并不会完全传导到大气中，其中一部分还会被地球表面的陆地或者海洋吸收，例如 IPCC 第六次评估报告认为，导致全球变暖的 90%额外热量最终被海洋吸收。接下来我们尝试将海洋纳入考虑，海水的总质量大约是 140 亿亿 t，是大气质量的两百多倍，而其比热容大概是空气的四倍，因此如果海洋也同样吸收废热的话，2020 年全球消费的一次能源对应的总热量只够让海洋系统的温度提 0.0001℃ 左右。

根据上面的分析，我们知道燃料燃烧过程中的放热总量对于全球温度上升来说是微不足道的，并不能解释工业革命以来地球表面温度的快速上升。

要了解人类行为导致气候变化的原因，就需要对地球系统的热力平衡进行分析。当我们考虑地球表面 (陆地与海洋) 以及大气层 (含云层) 时，能量平衡主要可以分为能量输入过程、能量输出过程和内部交换过程。

能量输入过程：太阳辐射以 340W/m^2 的功率 (以下称为总输入功率) 向地球传输能量，其中大约 100W/m^2 被大气层和地表直接反射回太空，80W/m^2 被大气层吸收，剩余 160W/m^2 被地球表面吸收。

能量输出过程:地球向太空的能量输出主要是地表长波辐射穿透大气窗口 (atmospheric window) 进入太空的部分加上大气层直接向太空辐射的部分 (总计 239W/m^2)。

内部交换过程：地球表面与大气层之间也会产生能量交换，主要包括地表通过显热传导 (21W/m^2)、蒸发 (82W/m^2)、地表发射 (398W/m^2)，其中有一部分穿透大气窗口而未被大气吸收) 向大气层传输能量；反过来，大气层也向地表以长波辐射的形式传输能量 (和总输入功率相当)。

当地球系统从宇宙中接收到的能量和向太空中输出的能量相等时，这个系统能够维持在一个热力学平衡状态。但如果上述能量输入输出过程被人为因素干扰了 (例如输出的能量减少了)，则有可能显著改变地球表面的热力学平衡状态 (图 3-1)。

二、温室效应、温室气体与全球变暖

根据地球热力平衡可以看出，从外太空进入的太阳辐射能量只有不到四分之一被大气层吸收，而地表辐射的能量却绝大部分被大气层吸收了。这是因为温度差异导致太阳和地表的辐射波长分布不一样，大气层对长波吸收比例要高于短波，结果是来自地表的相对长波辐射大部分被大气层吸收，而来自太阳的相对短波辐射只有一小部分被吸收。

大气层在允许太阳辐射到达地面的同时大量吸收地表辐射，使地表和低层大气温度升高 (例如美国国家航空航天局的研究认为，如果没有大气层，地球表面温度可能比现在低 30℃)，其效果就像栽培农作物的温室，因此人们把这一现象称为温室效应 (greenhouse effect)。温室效应产生的关键是大气层中的一些成分对不同波长辐射的选择性吸收，人们将大气中能够加强这一效应的成分——即能够加强对地表长波辐射吸收的气体，例如水蒸气、二氧化碳、甲烷等——称为温室气体 (greenhouse gas)。

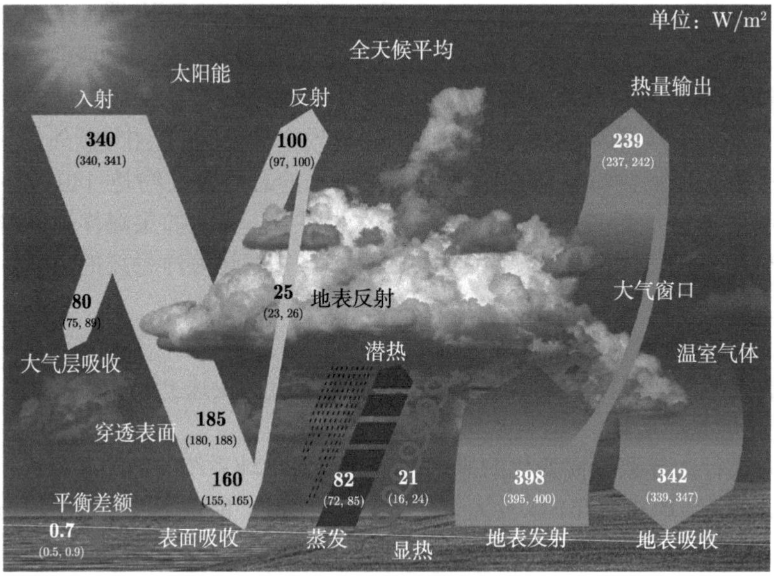

图 3-1　地球表面能量平衡 ①

扫一扫
看彩图

扩展阅读 温室气体与辐射吸收

在自然界中对温室效应起最主要作用的温室气体是通过自然循环而普遍存在于大气中的水蒸气。而人类造成或者说加剧温室效应的主要途径是，通过燃烧化石能源排放二氧化碳等温室气体到大气中从而影响大气成分，并进一步加强对长波辐射的吸收。如图 3-2 所示，当大气中二氧化碳浓度增加时，原来由水蒸气主导的长波辐射窗口 (即地表长波辐射可以穿透大气及云层而逸出太空的波段) 将被关小，从而导致更少的长波辐射逸出或者更多的长波辐射被吸收，造成能量输出过程受限以及热量聚集。

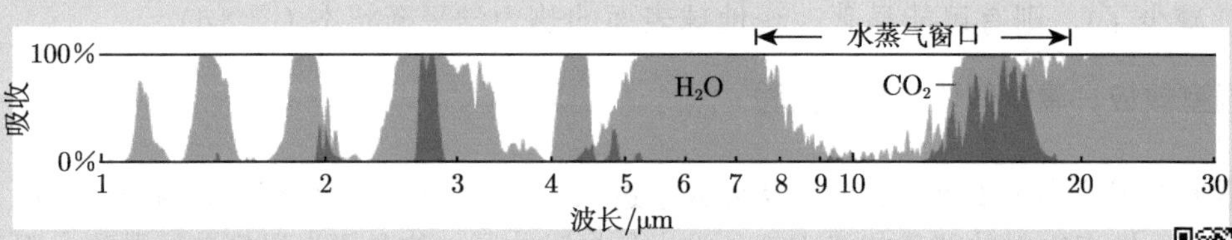

图 3-2　水蒸气和二氧化碳吸收辐射波段 ②

扫一扫
看彩图

① 图片来源：IPCC, 2021: Climate Change 2021: The Physical Science Basis. Contribution of Working Group I to the Sixth Assessment Report of the Intergovernmental Panel on Climate Change。

② 图片来源：https://earthobservatory.nasa.gov/features/EnergyBalance(最后访问于 2025 年 3 月 25 日)。

而图 3-3 就更加全面地展示了大气主要成分对不同波长辐射的吸收率，以及太阳辐射和地表辐射的波段差别。太阳辐射波长集中于数微米以下，主要由短波紫外线、可见光和少量长波红外线共同组成，其中大部分的短波紫外线被大气层中的臭氧、氧气所吸收或者因为瑞利散射而无法到达地表，而可见光和红外线则较容易到达地表。地表辐射波长则集中在数微米到数十微米，其中水蒸气对此波段的大部分辐射进行吸收，而剩余的逸出窗口则与二氧化碳等温室气体的吸收波段有较多重合，因此温室气体的增加很容易使得逸出窗口减小。

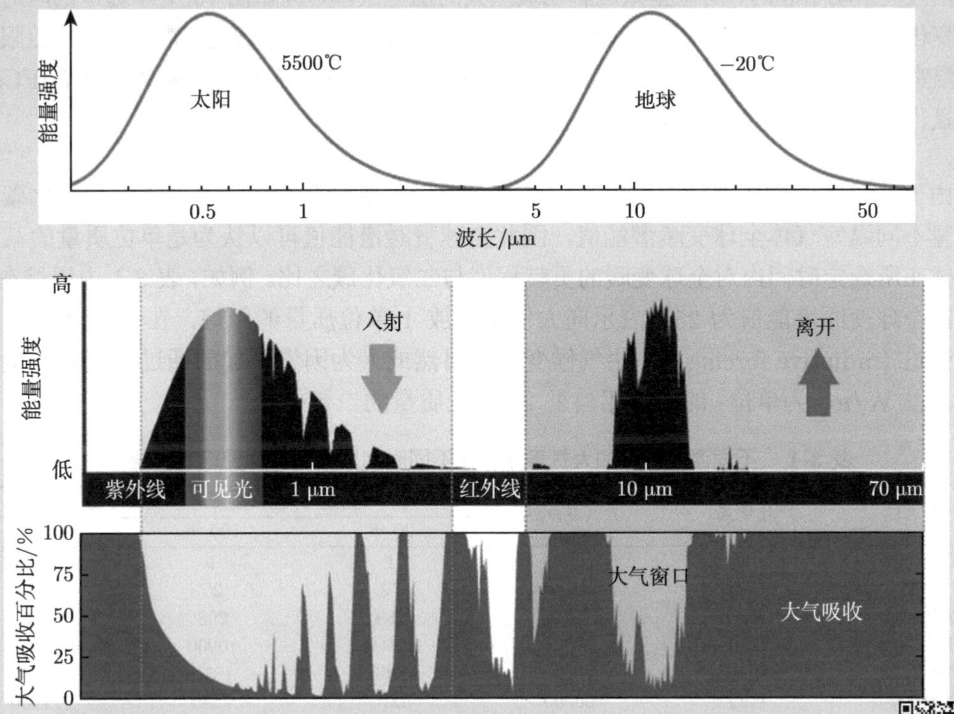

图 3-3　大气不同成分对太阳辐射与地面辐射的影响[①]

扫一扫
看彩图

大多数科学家认为，全球变暖的主要原因是人类活动加强了地表和大气层之间的温室效应，导致该系统吸收与发射的能量不平衡，热能不断累积。更具体地说，全球变暖是因为人类燃烧化石能源、进行工农业生产等活动释放出大量的温室气体，这些温室气体在大气中的浓度提高导致大气层对长波辐射的吸收比例增加，地球向外太空的能量输出减少，最终热能积聚，从而造成全球温度上升。

考虑到温室气体是气候变化的直接原因，当前减缓气候变化的最主要途径是减少温室气体的排放，但我们应该优先控制哪一项活动或者减少哪种温室气体的排放呢？要回答上

① 图片来源：
上半部分：https://earthobservatory.nasa.gov/features/EnergyBalance(最后访问于 2025 年 3 月 25 日)；
下半部分：https://www.noaa.gov/jetstream/satellites/absorb(最后访问于 2025 年 3 月 25 日)。

述问题，就必须基于对各种温室气体对气候造成变化的“贡献程度”的测算。为了描述不同温室气体在一定时间范围内，对大气层中的热量截留的能力，人们采用全球变暖潜能值(global warming potential，GWP) 这一概念。

扩展阅读 人们关心哪些温室气体的排放？

虽然温室气体包括能够加强对地表长波辐射吸收的水蒸气、二氧化碳、甲烷等多种气体，但由于温室气体核算主要是为了评估人类活动对气候变化的影响，因此核算对象限制在由人类活动引起的、对温室效应影响最重大的温室气体。例如在 1997 年通过的应对气候变化国际协议《〈联合国气候变化框架公约〉京都议定书》中规定，需要受到排放限制的温室气体只包括二氧化碳 (CO_2)、甲烷 (CH_4)、氧化亚氮 (N_2O)、氢氟碳化物 (HFCs)、全氟化碳 (PFCs)，以及六氟化硫 (SF_6) 六类。

由于二氧化碳被认为是人类引起气候变化的最主要媒介，国际上通常用二氧化碳当量来衡量不同温室气体全球变暖潜能值，因此全球变暖潜能值可以认为是单位质量的某种温室气体在所选定时间内对全球变暖的贡献程度与二氧化碳之比。例如，表 3-1 中甲烷在 100 年中的全球变暖潜能值为 25，表示向大气中排放 1 单位质量的甲烷，在 100 年中对全球辐射强迫 (radiative forcing，即由气候变化的自然或人为因素引起的通过大气的能量通量变化，以 W/m^2 为单位) 的影响相当于 25 单位质量的二氧化碳。

表 3-1 不同温室气体的大气寿命和在不同时间段内的全球变暖潜能值 ①

气体名称	化学式	大气寿命/年	给定时间范围内的全球变暖潜能值		
			20 年	100 年	500 年
二氧化碳	CO_2		1	1	1
甲烷	CH_4	12	72	25	7.6
氧化亚氮	N_2O	121	289	298	153
氟里昂-12	CCl_2F_2	100	11000	10900	5200
氟里昂-22	$CHClF_2$	12	5160	1810	549
四氟化碳	CF_4	50000	5210	7390	11200
六氟乙烷	C_2F_6	10000	8630	12200	18200
六氟化硫	SF_6	3200	16300	22800	32600
三氟化氮	NF_3	500	12300	17200	20700

思考题

为什么除了二氧化碳以外其他温室气体在不同给定时间范围内的全球变暖潜能值不一样？为什么有的气体随着时间范围加长其全球变暖潜能值变短 (例如甲烷)，而另一些气体却变长 (例如六氟化硫)？

在了解了全球变暖潜能值后，我们就可以根据各个时期各种温室气体在大气中的含量来判断它们对全球变暖的贡献。

① 数据来源：IPCC, 2007. Climate Change 2007: The Physical Science Basis. Contribution of Working Group I to the Fourth Assessment Report of the Intergovernmental Panel on Climate Change. Cambridge, UK and New York, USA: Cambridge University Press。

根据图 3-4，无论是对全球辐射强迫还是对地表温度而言，二氧化碳都是起最大提升作用的人为排放物。与此同时，我们还应当看到，有些人为排放物对气候变暖会产生反作用(例如作为常见的空气污染物二氧化硫，它的排放会导致辐射强迫和地表温度的下降)。

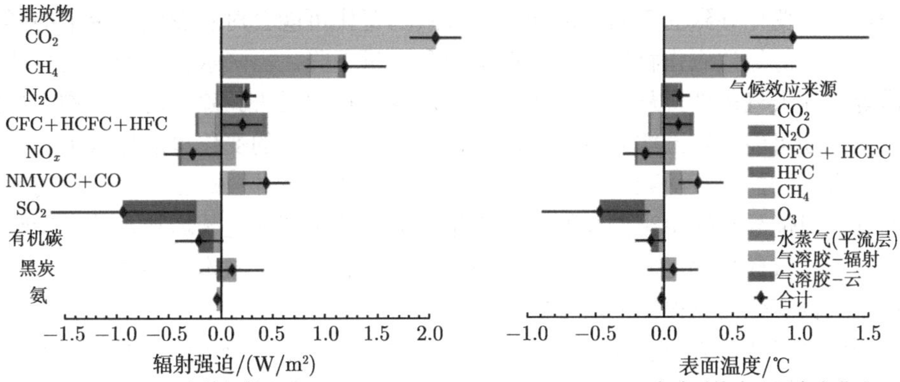

(a) 有效辐射强迫　　　　(b) 全球平均表面温度变化

图 3-4　主要排放物 1750~2019 年对全球变暖贡献 ①

扫一扫
看彩图

第三节　气候变化的影响

气候变化的主要表现包括气温升高和极端天气事件的增多，这些变化会对自然生态系统和人类社会经济造成重大的直接或间接影响。

首先是气候变化对生态系统和生物多样性的影响。生态系统是由各种生物和非生物要素所构成的复杂系统，其中包括生物多样性、生态平衡和生态服务等方面，气候变化可能影响这些生态系统，从而导致生物多样性的下降、生态系统崩溃等问题。气候变化导致的极端天气事件，如干旱、洪涝、暴风雨等，可能导致生物栖息地的破坏，使得生物无法生存。例如，干旱可能导致植被的死亡，从而使动物失去栖息地和食物来源。此外，气候变化还可能导致一些物种的分布范围发生变化，进而影响生态系统的稳定性。一些物种可能适应不了气候变化，从而被迫迁移或灭绝，而其他物种则可能成为入侵物种，对当地生态系统造成破坏。此外，生态系统中的生物群落和物种之间相互依存的关系也可能发生变化。例如，某些植物和它们的传粉者之间的关系可能受到气候变化的影响，从而影响生态系统的稳定性和多样性。

其次，气温升高会导致冰川融化，进而提升海平面，导致人们的居住地被淹没。美国国家海洋和大气管理局 (NOAA) 在 2017 年的报告中估计，到 2100 年，全球平均海平面将会上升 0.3~2.5m，从而导致很多的陆地被海洋淹没。例如，印度洋岛国马尔代夫由 1192 个珊瑚礁岛组成，国土平均海拔只有 1.5m，最高点海拔 2.4m，如果全球变暖和海平面上

① 图片来源：IPCC, 2021. Climate Change 2021: The Physical Science Basis. Contribution of Working Group I to the Sixth Assessment Report of the Intergovernmental Panel on Climate Change. Cambridge, UK and New York, USA: Cambridge University Press。

升的速度保持不变的话，到 2100 年马尔代夫甚至有可能被海水完全淹没。除了岛国以外，很多陆地国家的沿海大城市也可能受到海平面上升的影响，例如荷兰的阿姆斯特丹市、伊拉克的巴士拉市、美国的新奥尔良市、意大利的威尼斯市、越南的胡志明市、印度的加尔各答市等都面临着被海水淹没的威胁。

此外，气候变化导致的气温升高和降水模式的变化可能会对农业生产带来的影响。例如，气温升高可能导致农作物的生长周期缩短和产量下降，而降水模式的变化可能导致干旱或洪涝等极端天气事件，从而对农作物产量造成严重的损失。除了对农作物产量的影响外，气候变化还可能导致土壤质量的下降。例如，土壤水分的变化可能导致土壤质量的降低，从而使农作物的生长受到限制。此外，气候变化还可能导致病虫害和杂草的增加。例如，气温升高可能导致病虫害的暴发，而干旱可能导致杂草的生长增加，从而影响农作物的生长。当然，气候变化对农业的影响并不一定是不利的，一些本来不适合农业生产的地区可能由于气候变化而变得更加适合农业生产。

气候变化也可能对人类健康造成影响。一方面，更频繁以及更严重的极端天气事件会直接对健康造成影响，例如，高温和干旱天气可能导致中暑、脱水等热应激问题，洪涝等事件可能导致生命风险和疾病传播。另一方面，气候变化所造成的经济损失也会间接影响人们的生活质量和健康水平，例如台风或者洪水导致的财产损失等。

气候变化的影响还有可能加剧社会的不平等。通常而言，较为贫穷的人适应气候变化的能力更弱——例如，缺少资金来应对物价上涨、能源需求增加、财产损失等，同时也更难以通过移民搬迁来避免气候变化的影响——因此在面对气候变化时可能遭受更加严重的冲击。

关键术语

气候变化
全球变暖
能量平衡
全球变暖潜能值
温室效应
温室气体
二氧化碳
甲烷
氧化亚氮
化石能源

第二篇

化 石 能 源

第四章　煤　　炭

凡煤炭普天皆生，以供锻炼金石之用。南方秃山无草木者，下即有煤，北方勿论。

……

凡取煤经历久者，从土面能辨有无之色，然后掘挖，深至五丈许方始得煤。初见煤端时，毒气灼人。有将巨竹凿去中节，尖锐其末，插入炭中，其毒烟从竹中透上，人从其下施䦆拾取者。或一井而下，炭纵横广有，则随其左右阔取。其上枝板，以防压崩耳。

《天工开物 · 燔石》【明】宋应星

本 章 提 要

- ■ 煤炭是重要的燃料和化学工业原料，在地球上储量丰富。
- ■ 我国最常见的分类方法是根据煤炭中干燥无灰基挥发分含量将煤分成褐煤、烟煤和无烟煤三大类。
- ■ 煤炭开采可以采用露天开采或矿井开采，我国以矿井开采为主。
- ■ 我国很早就开始使用煤炭，当前我国是世界上最大的煤炭生产国和消费国。
- ■ 煤炭的优点包括储藏量丰富、使用便利安全、容易运送，其缺点是开采危险性高以及使用过程可能造成大量的污染物及温室气体排放。
- ■ 洁净煤技术是旨在减少污染和提高效益的煤炭加工、燃烧、转换和污染控制等新技术的总称。

第一节　煤炭基本知识

一、煤炭形成

煤炭又称煤，是重要的燃料和化学工业原料，在地球上的储量非常丰富。一般认为煤是古代的植物遗体因为地壳运动而埋没地下，在适宜的地质环境中经过漫长年代的演变而成的。植物遗体被埋入地下后，经过长时间的堆积和厌氧分解形成了部分腐殖质，即泥炭。随着时间的推移，泥煤被埋得越来越深，在压力和温度影响下，其中水分和其他化合物的含量逐渐降低，碳含量逐渐升高，进而形成煤炭。

煤炭主要由碳、氢、氧、氮等元素组成。煤炭中通常包含有机物质、矿物质和水，有机物质主要是植物遗体残留物，包括纤维素、木质素、树脂和沥青等，矿物质主要包括硅酸盐、碳酸盐、铁矿物和黏土等。

二、煤炭分类

煤炭的科学分类为其合理开发和利用提供了基础，我国对煤炭最常见的分类方法是根据其煤化程度分成褐煤、烟煤和无烟煤三大类，后两类又称为硬煤。

（一）褐煤

褐煤是一种棕黑色、无光泽、煤化程度最低的矿产煤。褐煤化学反应性强，容易风化，相对不易储存和运输。其燃烧时对空气污染严重，会有大量的黑灰飘在空中，如果不经过洗煤处理和提炼，大量使用劣势褐煤会导致雾霾问题日益严重。

（二）烟煤

烟煤是褐煤进一步煤化的产物，煤化程度中等。其色黑、染手、致密而脆，燃烧时冒浓烟，故称为烟煤。烟煤可进一步分为长焰煤、气煤、肥煤、炼焦煤、瘦煤和贫煤等。烟煤是重要的锅炉燃料和炼焦原料，也可用来干馏石油和制造煤气。

（三）无烟煤

无烟煤是煤化程度最高的煤炭，是一种坚硬、致密且高光泽的煤矿品种。无烟煤块煤主要应用于化肥 (氮肥、合成氨)、陶瓷、制造锻造等行业；用优质无烟煤还可以制造碳化硅、碳粒砂、人造刚玉、人造石墨、电极、电石和碳素材料。在所有的煤品种中，无烟煤的发热量并不是最高的，但其杂质含量最少、燃烧时烟比较少，因此价格通常比其他品种煤高。

扩展阅读 其他煤炭分类

在我国，除了根据煤化程度分类外，人们也经常按用途将煤分为动力用煤、冶金用煤和化工用煤三大类。动力用煤指用于作为动力原料的煤炭。从广义上来讲，凡是以发电、机车推进、锅炉燃烧等为目的产生动力而使用的煤炭都属于动力用煤，简称动力煤。冶金用煤是中等及低挥发分的中等黏结性及强黏结性的一种烟煤。煤化度较高、结焦性好的烟煤又称主焦煤。化工用煤是指用于作为煤化工原料的煤炭。煤化工是指以煤为原料，经化学加工使煤转化为气体、液体和固体燃料以及化学品的过程。

根据国际标准化组织 (ISO) 的煤炭分类国际标准 (ISO 11760:2018)，基于变质程度、岩相组成和灰分产率三个核心指标将煤炭分为四类：lignite(褐煤)，其特征为煤化程度最低，主要用于发电和化工原料；subbituminous coal(次烟煤)，介于褐煤和烟煤之间，用于发电和工业燃料；bituminous coal(烟煤)，属中等煤化程度，适合炼焦，根据挥发分和黏结性进一步分为高、中、低挥发分烟煤；anthracite(煤化程度较高的烟煤及无烟煤)，煤化程度最高用于冶金、化工和高端燃料。

三、煤质指标

在煤炭交易中常用到的煤质指标有发热量、挥发分、灰分和含硫量。

（一）发热量

煤炭的发热量 (也称为燃烧热值) 是指煤炭完全燃烧所释放的热能，常见单位是 kcal/kg 或 MJ/kg。通常而言煤炭的发热量受到其成分的影响，由于不同矿区所开采出的煤炭组成不同，因此其发热量也可能有所不同。

扩展阅读 什么是标准煤?

标准煤并不是一种真实的煤炭产品，而是一种能量计量单位，通常 1kg 标准煤指的是能够释放 7000kcal 能量的燃料。由于现实中使用的煤炭产品的发热量都低于 7000kcal/kg，所以在煤炭折算为标准煤的过程中其质量通常都会减少，例如 2020 年中国煤炭消费量为 40.5 亿 t，折合标准煤为 28.3 亿 t。

(二) 挥发分

挥发分是指煤在与空气隔绝的容器中，在一定高温下加热一定时间后，从煤中分解出来的液体 (蒸气状态) 和气体减去其水分后的产物。高挥发分的煤在燃烧过程中会释放出更多的热量和气体，从而提高了煤的燃烧效率和功率输出，因此一般挥发分高的煤更适合用于工业过程中需要燃烧放热的场合，例如火力发电。另外，低挥发分的煤含有更多的固定碳，可以在高温下制备出更高质量的石墨等碳材料，因此挥发分低的煤则更适合用于煤化工、制备碳材料等领域。

(三) 灰分

煤炭灰分是指在煤炭燃烧时，煤中所含的无机物质在高温下被氧化形成的灰状物质的质量分数。灰分通常包括石灰、氧化物、硫酸盐、氯化物等无机物质，其含量与煤炭的种类、煤层地质条件等有关。煤炭灰分含量的高低直接影响到煤炭的使用价值和燃烧效率。灰分含量高的煤炭燃烧时会产生大量的灰渣，会污染环境，同时还容易导致锅炉、炉膛等设备结垢、积灰，降低了热效率，增加了能源消耗和维护成本。因此，一般而言，燃烧剩下的灰分越少，说明煤质越好。

(四) 含硫量

煤炭含硫量是指煤炭中硫的质量分数，是衡量煤炭对环境污染的一个重要指标。煤炭中的硫同时以有机硫和无机硫的形式存在，其中有机硫是由生物体中的硫化物转化而来的，而无机硫主要是在煤炭形成的地层中由矿物质中的硫化物生成的。在煤炭燃烧过程中，高含硫煤炭会产生大量的二氧化硫和硫酸雾，这些气体在大气中会与水蒸气反应形成酸雨，对环境造成严重的污染。此外，高含硫煤炭的燃烧还会对锅炉、烟囱、管道等设备产生腐蚀作用，降低设备的寿命和运行效率。因此，减少煤炭中的含硫量，对保护环境和提高煤炭的使用价值都具有重要意义。

扩展阅读 常见的煤炭价格类别

在我国大宗煤炭交易中，常见的价格类别包括坑口价、车板价和平仓价。坑口价是买卖双方在煤矿坑口进行交易的价格，该价格包括了和煤炭生产直接相关的费用 (例如煤炭可持续发展基金、矿山转产发展资金提取和矿山环境恢复治理基金等)，但不包含除煤炭生产外的费用 (如装火车费用的代发费、站台费、装车费、借户费等)。车板价指在火车已装载煤炭后，除火车运费以外的一切费用，它包含煤炭的坑口价、税费、汽车运费、火车站台上的若干税费、铁路计划费等。煤炭平仓价又称离岸价 (FOB)，是指煤运到港口并装到船上的价格，包含了上船之前的所有费用，也就是说卖方把煤炭装在船舶上，但不支付水运运费的交易价格。

第二节　煤炭生产

一、煤炭资源

全球煤炭资源非常丰富，根据英国能源研究所 (Energy Institute，EI) 统计，2020 年底全球煤炭探明储量约 1.07 万亿 t。

我国能源资源的基本特点是富煤、贫油、少气。这就决定了煤炭在一次能源中的重要地位。根据 EI 统计，中国 2020 年底煤炭探明储量 1432 亿 t(此数值比《中国矿产资源报告 2020》报告的 2019 年底我国煤炭资源已探明储量 1688 亿 t 低)，约占世界总储量的 13.3%。中国煤炭资源总量虽然较多，但人均占有储量并不丰富，不到世界人均可采储量的四分之三。表 4-1 为 2020 年底全球煤炭探明储量。

表 4-1　2020 年底全球煤炭探明储量 ①

	无烟煤与烟煤/亿 t	次烟煤与褐煤/亿 t	总计/亿 t	占世界比例	储产比/年
加拿大	43.5	22.4	65.8	0.6%	166
墨西哥	11.6	0.5	12.1	0.1%	185
美国	2189.4	300.0	2489.4	23.2%	514
北美洲总计	**2244.4**	**322.9**	**2567.3**	23.9%	484
巴西	15.5	50.5	66.0	0.6%	1396
哥伦比亚	45.5	0.0	45.5	0.4%	90
委内瑞拉	7.3	0.0	7.3	0.1%	1049
中南美洲其他	17.8	0.2	18.1	0.2%	1764
中南美洲总计	**86.2**	**50.7**	**136.9**	1.3%	240
保加利亚	1.9	21.7	23.7	0.2%	192
捷克共和国	10.8	25.1	36.0	0.3%	113
德国	0.0	359.0	359.0	3.3%	334
希腊	0.0	28.8	28.8	0.3%	205
匈牙利	2.8	26.3	29.1	0.3%	475
波兰	225.3	58.7	284.0	2.6%	282
罗马尼亚	0.1	2.8	2.9	0.0%	19
塞尔维亚	4.0	71.1	75.1	0.7%	189
西班牙	8.7	3.2	11.9	0.1%	282
土耳其	5.5	109.8	115.3	1.1%	168
乌克兰	320.4	23.4	343.8	3.2%	1429
英国	0.3	0.0	0.3	0.0%	16
欧洲其他	11.1	51.7	62.8	0.6%	189
欧洲总计	**590.8**	**781.6**	**1372.4**	12.8%	299

① 数据来源：Energy Institute, 2024. Statistical Review of World Energy 2024。链接https://www.energyinst.org/statistical-review/home，最后访问于 2025 年 3 月 27 日。由于四舍五入，因此数据存在误差，全书余同。

续表

	无烟煤与烟煤/亿 t	次烟煤与褐煤/亿 t	总计/亿 t	占世界比例	储产比/年
哈萨克斯坦	256.1	0.0	256.1	2.4%	226
俄罗斯	717.2	904.5	1621.7	15.1%	407
乌兹别克斯坦	13.8	0.0	13.8	0.1%	333
独联体其他	15.1	0.0	15.1	0.1%	336
独联体总计	**1002.1**	**904.5**	**1906.6**	17.8%	367
南非	98.9	0.0	98.9	0.9%	40
津巴布韦	5.0	0.0	5.0	0.0%	153
非洲其他	43.8	0.7	44.4	0.4%	280
中东	12.0	0.0	12.0	0.1%	703
中东与非洲总计	**159.7**	**0.7**	**160.4**	1.5%	60
澳大利亚	737.2	765.1	1502.3	14.0%	315
中国	1350.7	81.3	1432.0	13.3%	37
印度	1059.8	50.7	1110.5	10.3%	147
印度尼西亚	231.4	117.3	348.7	3.2%	62
日本	3.4	0.1	3.5	0.0%	453
蒙古国	11.7	13.5	25.2	0.2%	58
新西兰	8.3	67.5	75.8	0.7%	2687
巴基斯坦	2.1	28.6	30.6	0.3%	396
韩国	3.3	0.0	3.3	0.0%	320
泰国	0.0	10.6	10.6	0.1%	80
越南	31.2	2.4	33.6	0.3%	69
亚太其他	14.2	7.3	21.5	0.2%	33
亚太总计	**3453.1**	**1144.4**	**4597.5**	42.8%	78
全球总计	**7536.4**	**3204.7**	**10741.1**	**100%**	**139**
其中：经合组织	3313.0	1771.3	5084.3	47.3%	363
非经合组织	4223.4	1433.4	5656.8	52.7%	90
欧盟	255.4	530.5	785.9	7.3%	266

二、煤炭开采

(一) 产量与分布

2023 年世界煤炭产量约 91.0 亿 t(折合 179EJ)，是仅次于石油产量的第二大一次能源。全球分产地 1985~2023 年煤炭产量见图 4-1，2023 年，我国煤炭产量约 47.1 亿 t，是世界第一大煤炭生产国，产量占世界的 51.8%。其他主要生产地还有印度 (10.1 亿 t，占世界 11.1%)、印度尼西亚 (7.8 亿 t，占世界 8.5%)、美国 (5.3 亿 t，占世界 5.8%)、澳大利亚 (4.6 亿 t，占世界 5.0%) 和俄罗斯 (4.3 亿 t，占世界 4.8%)。

在我国，煤炭生产主要分布在山西、陕西、内蒙古、新疆等几个省 (自治区)，上述四个省 (自治区) 近年原煤产量占全国总产量比例不断上升，2022 年达到 81.1%(图 4-2)。这些省 (自治区) 的大型煤田包括神府-东胜煤田、准东煤田、沁水煤田、大同煤田等。

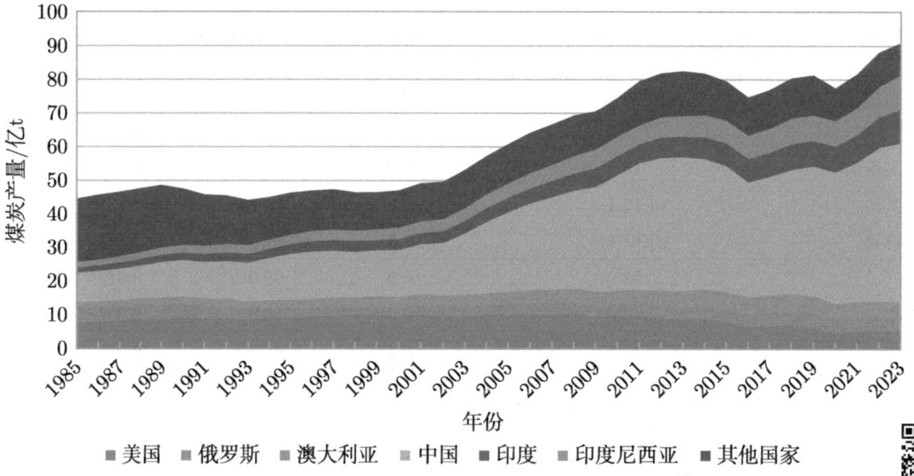

图 4-1　全球分产地 1985~2023 年煤炭产量 ①

扫一扫
看彩图

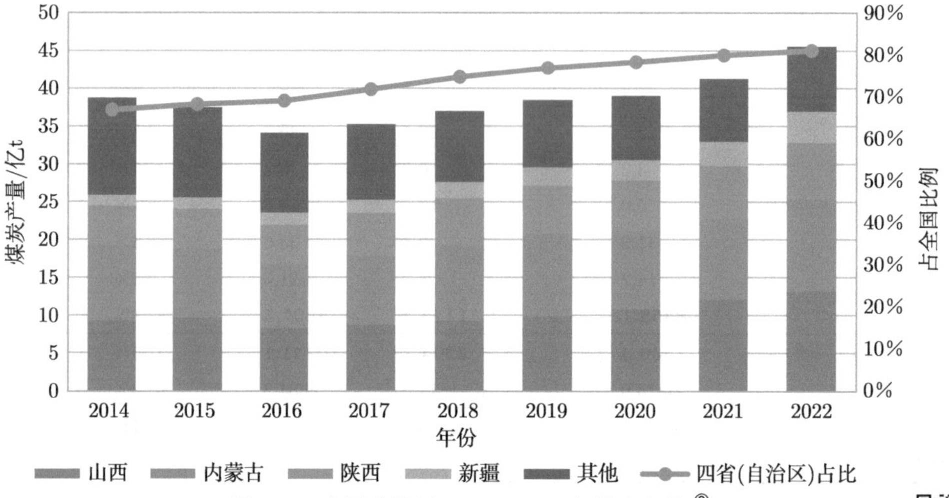

图 4-2　我国分地区 2014~2022 年煤炭产量 ②

扫一扫
看彩图

中国煤炭资源和现有生产力呈逆向分布，造成了“北煤南运”和“西煤东调”的局面。大量煤炭自北向南、由西到东长距离运输，给煤炭生产和运输造成了极大的压力。

(二) 生产方式

煤炭开采通常采用露天开采或矿井开采。露天开采，又称为露天采矿，是一个移走矿体上的覆盖物，从敞露地表的采矿场采出有用矿物的过程。通常露天开采适用于煤层在地

① 数据来源：Energy Institute, 2024. Statistical Review of World Energy 2024。链接https://www.energyinst.org/statistical-review/home，最后访问于 2025 年 3 月 27 日。

② 数据来源：《中国能源统计年鉴 2023》。

下 50m 以上的情况。矿井开采指的是煤炭开采中与露天开采相对应的一种开采方式，凡是不适合露天开采的煤田都可以采用矿井开采。

与矿井开采相比，露天开采的优点是开采效率高、生产成本低、建设周期短、劳动条件好、安全性高、难度低；主要缺点是地表破坏、粉尘污染和矸石占地面积大等。我国适合露天开采的煤炭资源不多，煤炭生产以矿井开采为主。截至 2020 年 12 月底，我国共有露天煤矿 376 处，占全国的 8%，产能 9.5 亿 t/年，占全国的 17.8%。

第三节 煤炭使用

一、煤炭使用历史与优缺点

人类使用煤炭的历史非常悠久。大约在公元前 4000 年新石器时代，中国沈阳地区的居民就已经开始使用褐色褐煤进行雕刻。而在公元前 1000 年左右，中国东北抚顺地区就已经使用煤炭来冶炼铜。在英国的青铜时代 (公元前 3000～ 前 2000 年)，人们就已经将露天开采的煤炭用于火葬。大约公元 200 年，在罗马附近就已经出现了煤炭贸易。18 世纪末的工业革命推动了煤炭从英国到全世界的大规模使用。

煤炭的使用有许多优点，例如：① 储藏量丰富，特别是对其他化石能源储量较为不足的中国而言，煤炭长期供给安全性较高；② 煤炭使用便利安全；③ 相比石油天然气，其存储和运输更加容易且成本低。

煤炭的主要缺点则包括：① 煤炭燃烧时可能造成大量的污染物和温室气体排放；② 开采煤矿的危险性很高。

二、煤炭使用技术

(一) 煤炭燃烧

煤炭主要作为燃料被燃烧使用。煤炭燃烧是煤中可燃质的一种氧化过程，是发光发热的剧烈化学反应。燃烧放出大量热，形成高温烟气和灰渣作为燃烧产物。只有当温度达到煤的燃点后，才能进行稳定燃烧。常温下，煤也能被空气中的氧所氧化，但氧化速度很慢，不形成燃烧。

在我国，大约一半的煤炭被用于发电，燃煤发电的主要能量转换过程是将煤炭的化学能转换为热能并进一步转换为机械能，最终将机械能转换为电能。将煤炭的化学能转换为热能的过程主要是煤炭在锅炉中的燃烧，将热能转换为机械能则通常依赖于蒸汽轮机，而将机械能转换为电能则需要使用发电机来实现。

煤炭在锅炉燃烧室中经过燃烧反应，释放出的热能被传递到锅炉的加热表面，使工作介质加热 (蒸汽或热水)，实现能量转换。煤炭在锅炉中的三种主要燃烧方式为层状燃烧、沸腾式燃烧、悬浮式燃烧。我国大型锅炉和工业窑炉大多采用悬浮式燃烧。

(二) 洁净煤技术

煤炭是人类使用的主要能源之一，但煤炭的开发利用也严重地污染了人们赖以生存的环境。例如，煤炭燃烧过程中会产生大量的废弃物，包括飞灰、底灰、烟道气、脱硫污泥，以及汞、铀、钍、砷和其他重金属，这会对周围环境及居民带来影响并存在潜在威胁；此外，煤炭燃烧产生的二氧化碳也是人为温室气体的最主要来源。

考虑到人类对煤炭的依赖以及煤炭使用可能造成的潜在环境影响，煤炭的清洁开发和利用是摆在全人类面前的紧迫问题。在此基础上，洁净煤技术 (clean coal technology) 越来越受到重视。洁净煤技术是旨在减少污染和提高效益的煤炭加工、燃烧、转换和污染控制等新技术的总称，它主要针对煤炭的使用，分为燃烧前处理技术、燃烧中处理技术和燃烧后处理技术 (图 4-3)。

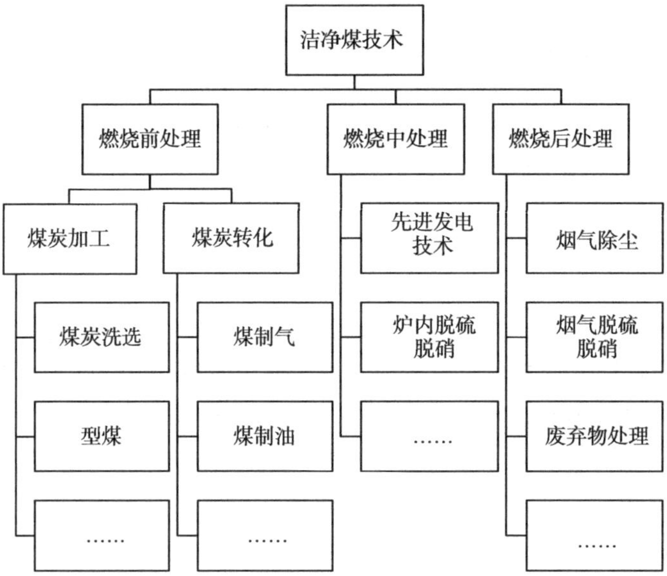

图 4-3　常见洁净煤技术

1. 燃烧前处理

燃烧前的处理主要是煤炭加工和煤炭转化两部分，其中煤炭加工包括煤炭洗选、型煤等措施，而煤炭转化主要包括煤制气和煤制油。

1) 煤炭洗选

煤炭洗选是利用煤和杂质 (矸石) 在物理、化学性质上的差异，通过物理、化学、物化或微生物分选的方法使煤和杂质有效分离，并加工成质量均匀、用途不同的煤炭产品的一种加工技术。

常用分离方法有物理选煤、化学选煤、浮游选煤。物理选煤是根据煤炭和杂质在物理性质 (如粒度、密度、硬度、磁性及电性等) 上的差异进行分选，主要的物理分选方法为重力选煤。化学选煤是借助化学反应使煤中有用成分富集，除去杂质和有害成分的工艺过程。浮游选煤是依据矿物表面物理化学性质的差别进行分选。

经过洗选过程后的成品煤通常叫精煤。选煤设备对煤炭洗选的作用有：① 提高煤炭质量，减少燃煤污染物排放；② 提高煤炭利用效率，节约能源；③ 减少运力浪费。

2) 型煤

型煤是将粉煤或低品位煤加工成一定形状、尺寸的具有一定理化性能的煤制品。型煤是各种洁净煤技术中投资小、见效快、适宜普遍推广的技术。蜂窝煤是我们过去最常见的民用型煤 (图 4-4)。

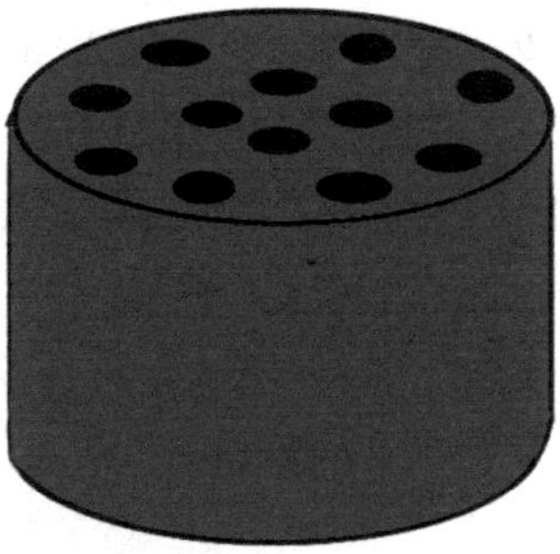

图 4-4 蜂窝煤

3) 煤制气和煤制油

我国油气资源稀缺而煤炭资源相对丰富，为了充分利用我国的煤炭资源，应对油气资源进口依存度过高的状况，我国鼓励企业进行煤炭的转化。

煤制气是以煤为原料经过加压气化后，脱硫提纯制得的含有可燃组分的气体。煤制油是以煤炭为原料，通过化学加工过程生产油品和石油化工产品的一项技术，包含煤直接液化和煤间接液化两种技术路线。

2. 燃烧中处理

为达到环保目的，工厂企业通常采用高烟囱排放：它是将燃烧装置产生的有害烟气排放到远离地面的大气层中，并通过大气的运动使污染物浓度降低，以改善污染源附近的大气质量。这种方法虽然可以改变排放物的空间分布，但并不能减少排放总量。

为了减少有害物质的排放，燃烧过程中的其他处理，即炉内脱硫、脱硝，是十分重要的。炉内脱硫通常是在燃烧过程中向炉内加入固硫剂，如石灰石等，使煤中硫分转化为硫酸盐并随炉渣排出。炉内脱硝主要是采用特定的燃烧技术，包括空气分级燃烧、燃料分级燃烧和烟气再循环技术等，减少燃烧过程中氮氧化物的产生。

3. 燃烧后处理

燃烧后处理主要是烟气净化和除尘。这是污染物排放控制的最后一道关口。由于燃烧中处理往往达不到排放的环保要求，所以还需对燃烧后的烟气和固体废弃物进行处理。

烟气处理主要包括有烟气脱硫、烟气脱硝和烟气除尘等。以烟气除尘为例，在我国，燃煤产生的大气污染物占烟尘排放总量的 60%、粉尘的 70%以上，因此烟气除尘是一个突出的问题，当前我国大型电厂主要采用静电除尘技术来进行烟气除尘处理。

燃煤生成的固体废弃物主要是煤灰，通常采用堆放或填埋处理。为了减少燃煤废弃物对环境的影响，也有一些企业将固体废弃物进行无害化处理以及资源再利用，比如将其加工为建筑材料。

三、煤炭消费

2023 年，全球煤炭消费量 56.0 亿 t 标准煤 (折合 164EJ)。从地区结构来看，中国的消费占据了半壁江山 (56.0%)，印度和美国位居世界第二与第三，分别占 13.4%与 3.0%。

全球分地区 1985~2023 年煤炭消费量见图 4-5。

中国是当今世界上最大的煤炭消费国，在各种煤炭消费方式中，煤炭的加工转换 (包括洗选、发电、供热、炼焦、制气及煤制品加工等) 增长迅速，而煤炭终端消费增长缓慢，我国煤炭终端消费主要集中于工业。近几年，我国煤炭消费量整体呈下降趋势，这得益于我国对清洁能源的大力支持。但是，我国当前的能源消费结构仍然很不均衡，2021 年，煤炭在我国能源消费结构的比重仍然达到 54.5%，远高于世界平均水平。

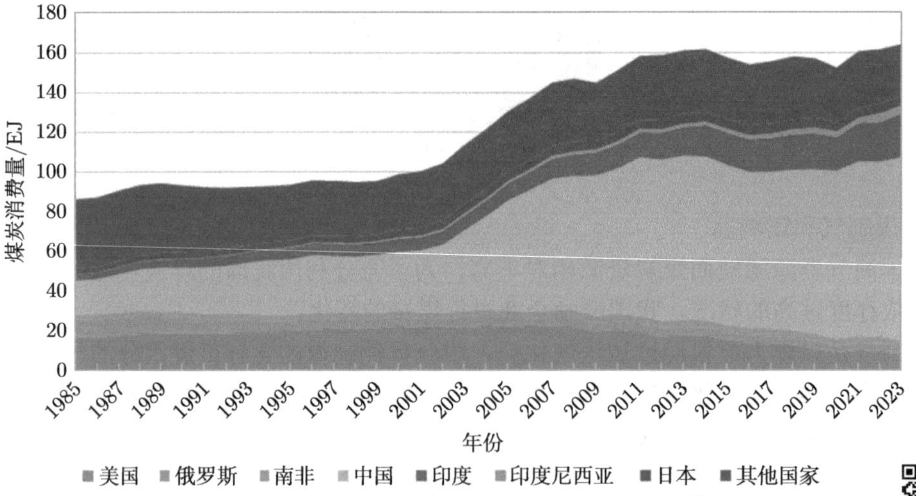

图 4-5　全球分地区 1985~2023 年煤炭消费量 ①

扫一扫
看彩图

四、煤炭与气候变化

煤炭的主要成分是碳元素，当煤炭作为燃料进行燃烧后，其中的大多数碳元素会氧化生成温室气体二氧化碳，同时生成少量的甲烷和氧化亚氮等其他温室气体。例如，IPCC 在核算温室气体排放时常见煤炭产品在能源部门固定燃烧设备中燃烧的排放因子见表 4-2。根据 IEA 数据，2022 年，全球煤炭消费量约 168.6EJ，假设这些煤炭都是在能源部门固定燃烧设备上燃烧的，则利用其他烟煤默认排放因子可估算得到，当年由煤炭消费导致的二氧化碳排放量为 160 亿 t，约占当年燃料燃烧导致的二氧化碳排放量 341 亿 t 的 47%左右。

表 4-2　常见煤炭产品在能源部门固定燃烧设备中燃烧的排放因子 (单位：kg/TJ)

燃料	二氧化碳			甲烷			氧化亚氮		
	默认值	低值	高值	默认值	低值	高值	默认值	低值	高值
无烟煤及煤化程度较高的烟煤	98300	94600	101000	1	0.3	3	1.5	0.5	5
炼焦煤	94600	87300	101000	1	0.3	3	1.5	0.5	5
其他烟煤	94600	89500	99700	1	0.3	3	1.5	0.5	5
次烟煤，介于烟煤和褐煤之间的品种	96100	92800	100000	1	0.3	3	1.5	0.5	5
褐煤	101000	90900	115000	1	0.3	3	1.5	0.5	5
褐煤煤块	97500	87300	109000	1	0.3	3	1.5	0.5	5

① 数据来源：Energy Institute, 2024. Statistical Review of World Energy 2024。链接https://www.energyinst.org/statistical-review/home，最后访问于 2025 年 3 月 27 日。

关键术语

褐煤
烟煤
无烟煤
标准煤
发热量
挥发分
灰分
含硫量
洁净煤技术
露天开采
矿井开采
煤炭洗选
排放因子

第五章　石　　油

鄜、延境内有石油，旧说“高奴县出脂水”，即此也。生于水际，沙石与泉水相杂，惘惘而出，土人以雉尾裛之，用采入缶中。颇似淳漆，然之如麻，但烟甚浓，所沾幄幕皆黑。余疑其烟可用，试扫其煤以为墨，黑光如漆，松墨不及也，遂大为之，其识文为“延川石液”者是也。此物后必大行于世，自余始为之。盖石油至多，生于地中无穷，不若松木有时而竭。今齐、鲁间松林尽矣，渐至太行、京西、江南，松山大半皆童矣。造煤人盖未知石烟之利也。石炭烟亦大，墨人衣。余戏为《延州诗》云：“二郎山下雪纷纷，旋卓穹庐学塞人。化尽素衣冬未老，石烟多似洛阳尘。”

《梦溪笔谈 • 卷二十四 • 杂志一》【宋】沈括

本 章 提 要

- 石油是一种天然的可燃液体烃类混合物，是最重要的液体燃料和化工原料。
- 石油可以被加工成天然气、汽油、石脑油、煤油、柴油、润滑油、石蜡，以及其他许多种石油产品。
- 常用的石油性质指标包括相对密度 (°API)、黏度和硫含量等。
- 石油资源的分布极不平衡，世界已探明的石油储量主要集中在中东和美洲地区。
- 石油的地区间储产比差异较大。
- 石油开采利用包括油田开采和加工炼制两方面：油田开采主要包括石油勘探、钻井和原油采收三个环节；加工炼制通过对开采出的原油进行加工提炼，可以得到各类石油产品。
- 在世界能源消费结构中，石油长时间占据最大份额，且大部分用于交通运输。
- 我国是石油消费大国，需求旺盛，对外依存度高。

第一节　石油基本知识

一、石油形成

石油是一种黏稠的深褐色 (有时稍带绿色) 液体。石油是古代海洋或湖泊中的生物经过漫长演化而形成的混合物，属于化石燃料的一种。石油主要被用来提炼柴油、汽油、燃料油等石油产品，也是许多化学工业产品，如溶液、化肥、杀虫剂和塑料等的原料。

石油的生成与煤炭类似，是有机物在地球演化过程中的一种中间产物，主要是由烷烃、环烷烃、芳香烃等烃类化合物组成，其组成元素除了碳和氢，也包含硫、氧、氮、磷、钒等。石油是一种由多种化合物组成的复杂混合物，因此其成分随产地的不同而变化很大。

扩展阅读 石油、原油和石油产品

从广义上说，石油是指气态、液态和固态的烃类混合物，因此包括原油、天然气、天然气液等不同形式，但习惯上人们一般将石油定义为原油，即从地下深处开采的深褐色可燃黏稠液体，它是一种主要由各种烷烃、环烷烃、芳香烃组成的混合物。

石油产品是指石油经过炼制和精制过程所获得的产品，最常见的石油产品包括汽油、柴油、煤油等燃料产品，以及化工原料、沥青、润滑油等非燃料产品。以汽油为例，这是由石油提炼的一种常用的燃料，其外观为透明液体，馏程为 30～220℃，主要成分为 C5～C12 脂肪烃和环烷烃类，以及一定量芳香烃。汽油具有较高的辛烷值 (抗爆震燃烧性能)，在我国通常按辛烷值的高低将汽油分为 92 号、95 号和 98 号 (国六标准) 等牌号。

二、石油指标与分类

常用的石油性质指标包括相对密度 (°API)、黏度、硫含量等。°API 是用以表示石油及石油产品密度的一种量度，当 °API =10 时，指石油密度与水相同，其数值越大，表示原油越轻，价格越高。石油的黏度是指其在一定温度下的流动阻力，常规石油的黏度一般小于 100mPa·s，黏度更大的石油依次称为稠油、特稠油及超稠油。石油的硫含量是指其中所含硫 (硫化物或单质硫分) 的质量分数，硫含量对石油性质的影响很大，硫含量高的原油对管线有腐蚀作用，通常人们把硫含量低于 0.5%的石油称为“甜原油”，把硫含量高于 1%的石油称为“酸原油”。

扩展阅读 主要石油交易品种

世界上主要石油交易品种包括美国西得克萨斯中质 (WTI) 原油，北大西洋布伦特 (Brent) 原油，中东的迪拜原油、阿曼原油，以及中国的大庆原油等，其中又以前两个品种在全球原油价格体系中最受关注。

WTI 原油是美国得克萨斯州出产的轻质原油和中质原油的总称，是北美地区较为通用的一类原油交易品种。由于美国在全球的军事以及经济影响力，WTI 原油已经成为全球原油定价的基准之一。WTI 原油的 °API 为 35～50，属于超轻质原油，硫含量仅为 0.2%。

布伦特原油产自北大西洋北海布伦特油田，作为欧洲原油的重要参照指标，与 WTI 原油一样，也是世界最主要、被参考最多的原油品种。布伦特原油的 °API 约为 38，硫含量为 0.38%。

随着石油工业的发展，开发的对象和技术也在不断变化，在此背景下人们常将石油分为常规石油和非常规石油。一般而言，常规石油是指在地质构造上形成的、储存在地下的、可采性较高的石油；非常规石油是指使用传统方法以外的技术来生产或提取的石油，包括超重原油、致密油、页岩油、油砂基合成原油及其衍生产品、煤基液体、生物质基液体、由气体化学处理产生的液体等。

非常规石油资源具有比重大、杂质多、黏度大、轻质烃类成分少、生产成本高等特点，它们在开采、运输、加工和提炼方面与常规石油资源存在很大的不同。随着常规石油资源的减少和生产成本的上升，以及非常规石油开采技术的进步，人们把越来越多的眼光投向非常规石油资源。

第二节 石油生产

一、石油资源

由于石油的流体性质，其在自然界中常常存储在能够阻止流体运移并将分散资源富集起来的地质闭圈当中。由于石油在重力作用下存在自发运移的特点，大多数拥有石油资源的闭圈是在沉积盆地之中。目前世界上已找到近 3 万个油田，这些油田遍布于地壳上六大稳定板块及其周围的大陆架地区。在较大的盆地内几乎均有油田发现，但分布极不平衡。

根据 EI 统计，2020 年底全球石油探明储量为 2444.2 亿 t(合 17323.7 亿桶)，其中石油输出国组织/欧佩克 (OPEC) 拥有全球储量的 70.1%。从地域上看，世界的石油储量主要集中在中东和美洲地区。储量的地区差异十分明显，中东地区探明储量达到 1132 亿 t(8359.4 亿桶)，占比 48.3%；美洲地区探明储量达到 869.6 亿 t(5662.8 亿桶)，占比达到 32.7%；独联体国家探明储量为 198.6 亿 t(1462.5 亿桶)，占比 8.4%；非洲大陆探明储量为 165.7 亿 t(1251.1 亿桶)，占比 7.2%。主要的储区包括波斯湾、墨西哥湾、北非油田、北海油田、俄罗斯伏尔加及西伯利亚油田和阿拉斯加湾油区等。全球石油探明储量前五名的国家分别是委内瑞拉、沙特阿拉伯、加拿大、伊朗以及伊拉克，这五个国家占到全球总探明储量的 61.9%。表 5-1 为 2020 年底全球石油探明储量。

表 5-1 2020 年底全球石油探明储量 ①

	探明储量		占世界比例	储产比/年
	亿桶	亿 t		
加拿大	1680.9	270.6	9.7%	89.4
墨西哥	60.7	8.6	0.4%	8.7
美国	687.6	82.0	4.0%	11.4
北美洲总计	**2429.1**	**361.3**	**14.0%**	**28.2**
阿根廷	24.8	3.4	0.1%	11.3
巴西	119.3	17.3	0.7%	10.8
哥伦比亚	20.4	2.9	0.1%	7.1
厄瓜多尔	13.0	1.9	0.1%	7.4
秘鲁	7.5	0.9	0.0%	15.5
特立尼达和多巴哥	2.4	0.3	0.0%	8.7
委内瑞拉	3038.1	480.3	17.5%	1537.8
中南美洲其他	8.2	1.1	0.0%	10.9
中南美洲总计	**3233.7**	**508.3**	**18.7%**	**151.3**
丹麦	4.3	0.6	0.0%	16.2
意大利	6.0	0.8	0.0%	14.7

① 数据来源：Energy Institute, 2024. Statistical Review of World Energy 2024。链接https://www.energyinst.org/statistical-review/home，最后访问于 2025 年 3 月 27 日。

续表

	探明储量		占世界比例	储产比/年
	亿桶	亿 t		
挪威	79.0	10.1	0.5%	10.8
罗马尼亚	6.0	0.8	0.0%	22.7
英国	25.0	3.3	0.1%	6.6
欧洲其他	16.0	2.2	0.1%	14.9
欧洲总计	**136.3**	**17.8**	**0.8%**	**10.4**
阿塞拜疆	70.0	9.6	0.4%	26.7
哈萨克斯坦	300.0	39.3	1.7%	45.3
俄罗斯	1078.0	147.7	6.2%	27.6
土库曼斯坦	6.0	0.8	0.0%	7.6
乌兹别克斯坦	5.9	0.8	0.0%	34.7
独联体其他	2.5	0.3	0.0%	17.3
独联体总计	**1462.5**	**198.6**	**8.4%**	**29.6**
伊朗	1578.0	216.8	9.1%	139.8
伊拉克	1450.2	195.7	8.4%	96.3
科威特	1015.0	139.8	5.9%	103.2
阿曼	53.7	7.3	0.3%	15.4
卡塔尔	252.4	26.5	1.5%	38.1
沙特阿拉伯	2975.3	408.7	17.2%	73.6
叙利亚	25.0	3.4	0.1%	158.8
阿联酋	978.0	129.8	5.6%	73.1
也门	30.0	3.9	0.2%	86.7
中东其他	1.8	0.2	0.0%	2.6
中东总计	**8359.4**	**1132.0**	**48.3%**	**82.6**
阿尔及利亚	122.0	15.4	0.7%	25.0
安哥拉	77.8	10.5	0.4%	16.1
乍得	15.0	2.2	0.1%	32.5
刚果共和国	28.8	4.1	0.2%	25.7
埃及	31.5	4.1	0.2%	14.0
赤道几内亚	11.0	1.5	0.1%	18.7
加蓬	20.0	2.7	0.1%	26.4
利比亚	483.6	63.0	2.8%	339.2
尼日利亚	368.9	49.8	2.1%	56.1
南苏丹	35.0	4.7	0.2%	56.4
苏丹	15.0	2.0	0.1%	47.9
突尼斯	4.3	0.6	0.0%	32.7
非洲其他	38.2	5.2	0.2%	33.2
非洲总计	**1251.1**	**165.7**	**7.2%**	**49.8**
澳大利亚	23.9	2.6	0.1%	13.9
文莱	11.0	1.5	0.1%	27.3
中国	259.6	35.4	1.5%	18.2
印度	45.4	6.0	0.3%	16.1
印度尼西亚	24.4	3.4	0.1%	9.0
马来西亚	27.3	3.6	0.2%	12.5
泰国	2.5	0.3	0.0%	1.7
越南	44.0	5.9	0.3%	58.1

续表

	探明储量		占世界比例	储产比/年
	亿桶	亿 t		
亚太其他	13.4	1.7	0.1%	17.4
亚太总计	**451.6**	**60.5**	**2.6%**	**16.6**
全球总计	**17323.7**	**2444.2**	**100%**	**53.5**
其中：经合组织	2599.6	383.3	15.0%	25.2
非经合组织	14724.0	2060.9	85.0%	66.9
石油输出国组织	12146.7	1718.0	70.1%	108.3
非石油输出国组织	5177.0	726.2	29.9%	24.5
欧盟	24.2	3.3	0.1%	16.8
加拿大油砂：总计	1613.6	262.2	9.3%	
其中：积极开发中	188.7	30.7	1.1%	
委内瑞拉：奥里诺科油带	2617.9	419.8	15.1%	

扩展阅读 石油资源会枯竭吗？

资源枯竭是一个我们耳熟能详的词，对于石油而言，它真的终有一天会面临枯竭的命运吗？事实上，市场机制的存在会通过价格调节使得石油资源免于枯竭。

我们先来看一下当前石油资源的丰富程度，表 5-2 展示了全球及各地区石油探明储量情况，2020 年底世界石油资源的储产比为 53.3 年，但地区间不平衡程度较大，最低的欧洲地区只有 10.7 年，最高的中南美洲达到 145.5 年。当储产比下降时，意味着石油资源丰富程度下降，从而引起价格上升，成本上涨催动了研发技术领域的投资，使技术可采储量上升，成为可用储量的一部分，提高储产比。因此，在这种价格调节机制下，人们不会面对石油、天然气、煤炭等资源的实质性枯竭——如果人们不再使用这些资源了，其根本原因一定是因为这些资源的使用成本过于高昂从而被其他能源所替代了，正如在英国，鲸鱼油曾经被煤油替代并不是因为鲸鱼灭绝一样。

表 5-2　全球石油探明储量 ①

	2000 年			2010 年			2020 年		
	年底探明储量/亿桶	产量/亿桶	储产比/年	年底探明储量/亿桶	产量/亿桶	储产比/年	年底探明储量/亿桶	产量/亿桶	储产比/年
北美洲	2365.2	50.8	46.5	2202.6	50.6	43.6	2439.5	86.1	28.3
中南美洲	960.1	24.5	39.2	3200.8	27.1	118.2	3240.3	22.3	145.5
欧洲	210.4	25.9	8.1	136.3	15.7	8.7	142.0	13.2	10.7
独联体	1200.8	29.1	41.3	1442.4	49.0	29.4	1462.5	49.3	29.7
中东	6966.9	85.2	81.7	7659.5	93.5	81.9	8360.1	101.7	82.2
非洲	929.0	28.5	32.6	1249.5	37.3	33.5	1250.3	25.6	48.8
亚太	376.7	28.8	13.1	477.8	30.9	15.5	453.5	27.3	16.6
全球	13009.2	272.9	47.7	16368.9	304.0	53.8	17348.1	325.5	53.3

① 数据来源：Energy Institute, 2024. Statistical Review of World Energy 2024。链接https://www.energyinst.org/statistical-review/home，最后访问于 2025 年 3 月 27 日。

我国 2020 年底石油探明储量只有 35 亿 t，储产比为 18.2 年，远低于世界石油平均储产比。我国的陆上石油资源主要分布在华北平原、西北地区和东北三省，海上石油资源主要分布在沿海大陆架。其中陆上主要油气田集中分布在松辽盆地、鄂尔多斯盆地、渤海湾盆地、四川盆地、柴达木盆地、准噶尔盆地、塔里木盆地这七大盆地中，2020 年我国原油产量超过 1000 万 t 的 8 个油田见表 5-3。

表 5-3 2020 年我国原油产量超千万吨油田

排名	油田	产量/万 t
1	大庆油田	3001
2	长庆油田	2467
3	胜利油田	2340
4	渤海油田	2269
5	新疆油田	1320
6	延长油田	1120
7	南海东部油田	1037
8	辽河油田	1004

二、石油开采

(一) 产量与分布

全球分产地 1985~2023 年石油产量见图 5-1。2023 年世界石油产量约 351.8 亿桶 (每天 9638 万桶，折合 45.1 亿 t)。世界原油的主要生产地是中东地区、美国及俄罗斯，占据了全球原油市场供给端的绝大部分份额。2023 年，美国是全球原油第一大生产国，产量 70.7 亿桶，占世界总产量的 20.1%；紧随其后的分别是沙特阿拉伯和俄罗斯，产量分别为 41.6 亿桶和 40.4 亿桶，分别占世界总产量的 11.8%和 11.5%。我国石油生产水平受到国际油价波动的影响较大，2023 年总产量为 15.3 亿桶，是世界第七大产油国。

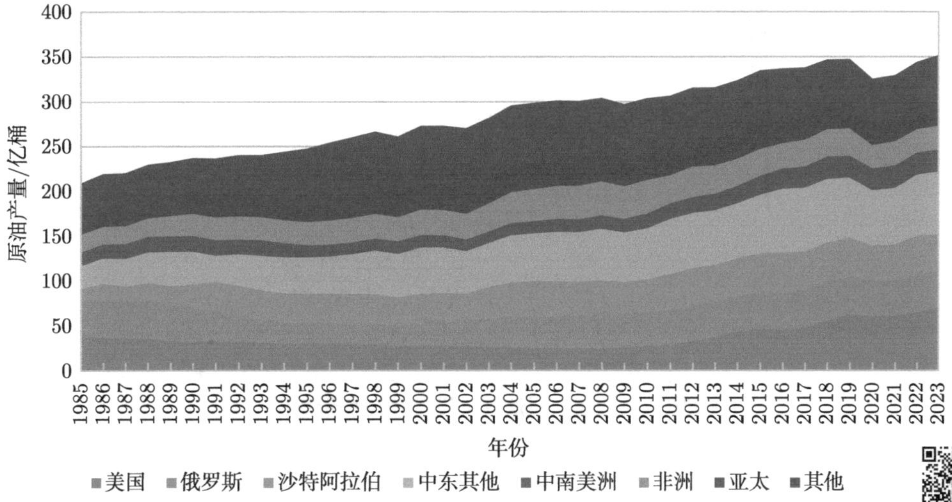

图 5-1 全球分产地 1985~2023 年石油产量 ①

扫一扫
看彩图

① 数据来源：Energy Institute, 2024. Statistical Review of World Energy 2024。链接https://www.energyinst.org/statistical-review/home，最后访问于 2025 年 3 月 27 日。

(二) 生产方式

石油开采的对象是深埋于地下的石油矿藏，因此有较高的不确定性，也就具有较大的商业风险。石油开采主要包括勘探、钻井和采收三个环节。

1. 勘探

石油勘探是石油开采中最重要的基础环节，它包括油田的寻找、发现和评估。石油勘探通常分为区域普查、构造详查、预探和详探等四个阶段。主要的勘探方法包括地质法、地球物理法、地球化学法和钻探法，其中地球物理法中的地震勘探是当前石油勘探中一种最常见的方法。

2. 钻井

钻井就是从地面打开一条通往油、气层的孔道，以获取地质资料和油气资源。钻井可以在陆上与海上进行，其中海上钻井需要考虑气象条件、海水侵蚀等多方面因素，建造难度更大，费用更高，要求的技术水平也更高。海上钻井装置主要分为固定式和移动式，其中固定式多用于近海钻井，受气象条件影响小，灵活性差；移动式多用于深海钻井。

3. 采收

采收是指在有石油储存的地方对石油进行挖掘、提取的行为。在采收的过程中，采取油气从储层流入井底，又从井底上升到井口的驱动方式。与一般的固体矿藏相比，石油的采收又有其显著特点。一方面，通常开采者不与矿体直接接触，对油气藏情况的了解需要通过专门的测井来进行；另一方面，原油在采收过程中不断地流动，油藏情况不断地变化，油藏的某些特点是在生产过程中，甚至在井数较多后才能认识到的，因此，在一段时间内勘探和采收阶段往往是结合在一起的。图 5-2 展示了陆上原油开采常见的一种设备。

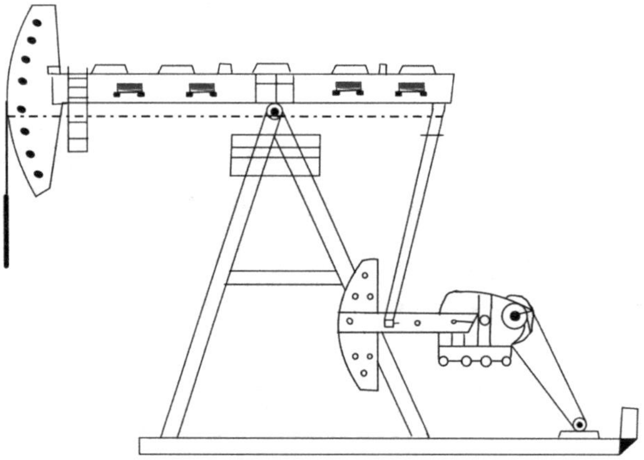

图 5-2 陆上原油开采设备抽油机示意图

扩展阅读 原油采收率

人们通常无法将勘探发现的原油全部采收出来。油藏的地质条件和现有的开采油工艺水平，决定了一个油藏原油采收率——采出原油地质储量的百分数的高低。

在利用天然能量开采的一次采油阶段中，原油采收率都比较低，为 8%~15% 。在利用人工补充地层能量 (如注水、注气等) 开采的二次采油阶段中，原油采收率大致为 25%~45% ，个别条件好的油藏可达 50% 。二次采油以后，需要使用比注水、注气更为复杂的工艺技术手段才能采出，称为三次采油，最终原油采收率可达 45%~70% 。

三、石油加工

(一) 为什么要加工？

开采出来的石油虽然可以直接燃烧，但燃烧时会产生较多杂质；而且，飞机、汽车等一些比较精密的设备不能直接燃烧石油，必须把石油加工成石油制品才能使用。石油加工是指对开采出的石油进行加工提炼精制，进而得到石油产品的过程，这一过程又叫作炼油。炼油可使得矿产品的经济效益显著增加，因此，石油的加工是石油利用中非常重要的一环。

扩展阅读 我国汽油的零售价格构成

我国成品油定价受国家管控，实施最高限价。通常终端零售价格由四部分组成：原料成本、炼化成本与利润、政府相关部门征收的税费、贸易商及加油站的成本与利润。其中，税费部分包括了成品油消费税、增值税、附加税等。以 2020 年 3 月 18 日北京市的 92 号汽油零售限价 5.5 元/升为例 (图 5-3)，原料成本大约占 29.73%，炼化成本与利润大约占 7.57%，政府相关部门征收的税费约占 48.15%，剩余则为贸易商及加油站的成本、利润。

经过提炼的石油产品一般可以分为燃料类产品和非燃料类产品，其中燃料类产品包括汽油、煤油、柴油、燃料油、液化石油气、炼厂干气等，非燃料类产品主要包括化工原料、溶剂油、润滑油、石脑油、石油沥青等。

(二) 炼油方法

石油炼制方法包括一次加工过程和二次加工过程。前者指原油的直接蒸馏过程；后者指直馏产物 (如重油、渣油) 的再次加工。石油炼制方法主要有分离法和转化法两种。

1. 分离法

分离法包括溶剂法、固体吸附法、结晶法和分馏法等，其中最常用的是分馏法。分馏法利用不同分子沸点不同的原理，将石油中的碳氢化合物予以分离：通常沸点在 30℃ 以下为燃料气；沸点在 30~170℃ 为汽油或石脑油；沸点在 170~250℃ 为煤油或石蜡油；沸点在 250~500℃ 为燃油、润滑油或蜡；沸点超过 500℃ 为重油或沥青。常见分馏塔内部温度与产品对应关系见图 5-4。

2. 转化法

转化法是利用化学的方法对分馏的油品进行深加工。常用的转化法有热裂化、催化裂化、加氢裂化和焦化等。

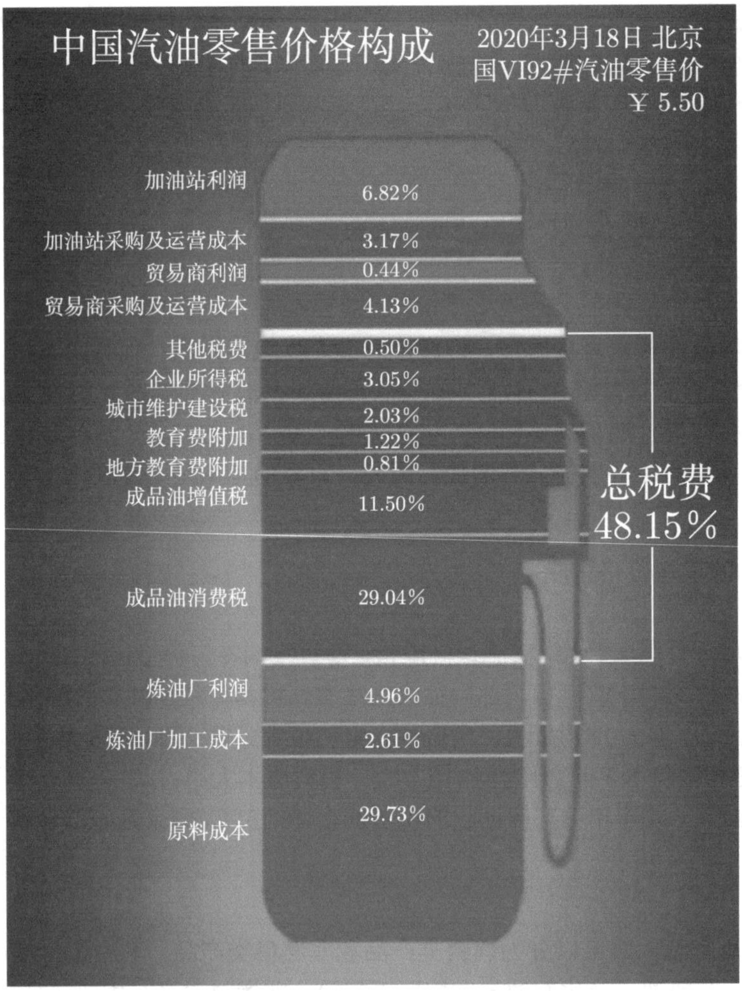

扫一扫
看彩图

图 5-3　我国汽油零售价格构成示意图

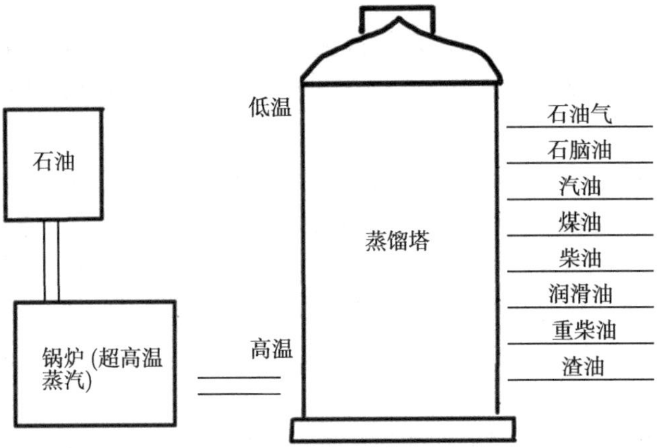

图 5-4　分馏塔内部示意图

扩展阅读 油品结构

不同时间、不同国家的油品需求结构各有不同，衡量油品需求结构的一个重要指标是柴汽比。柴汽比是一个国家柴油使用量与汽油使用量的比率，一般而言，柴油使用量与贸易加工和工业运输有关，汽油使用量与家庭经济状况有关。由于各国燃料结构和主流机动车的不同，柴汽比也不尽相同，但短期柴汽比相对于长期均值的偏离通常能够反映经济状况的波动。

直接采用分馏法提炼的产品成分取决于原油成分，当直接分馏生产的油品结构不能满足一国经济社会的需要时，可以使用转化法或催化剂对油品结构进行改变，比如，可以将重油压解为小分子的汽油或柴油，也可以对石脑油加氢，使其转化为柴油或汽油。表 5-4 为 2020 年部分国家的柴油和汽油消费。

表 5-4 2020 年部分国家的柴油和汽油消费

	中国	美国	韩国	日本	英国	德国	法国
柴油消费/PJ	6146	6918	901	1462	977	2030	1519
汽油消费/PJ	5554	12881	397	1366	383	756	282
柴汽比	1.11	0.54	2.27	1.07	2.55	2.68	5.39

第三节 石 油 使 用

一、石油使用历史和优缺点

在很早以前，苏美尔人、巴比伦人已经开采利用石油，我国也是世界上最早开采和利用石油的国家之一。早在 4300 多年前，苏美尔人就已经在制造船只时使用了沥青；此后，巴比伦人则将沥青用于建造城墙和塔楼；古波斯文献则记载了石油被上层阶级中用于照明和作为医药。在中国，“石油”一词首次在宋朝《梦溪笔谈》中出现并沿用至今，而中国在公元 1 世纪就有将石油用作燃料的记录，这是世界上最早对石油作为燃料使用的记录。

作为一种资源，石油的主要优点包括：① 用途广泛，可以广泛用于生产、生活之中；② 发热值高，燃烧效率高，且一般不需处理废渣；③ 容易储存和运输，且安全性较高。

石油的缺点主要有：① 世界产油区域相对集中且部分主要产油区域的政治不稳，影响了石油的供应稳定性；② 石油在生产、运输及使用过程中可能造成环境破坏，易产生酸雨、气候变暖等问题。

二、石油消费

世界石油消费长期趋势稳定，2023 年全球石油产品消费量约 196EJ，是消费量最高的能源品种。全球 1985~2023 年石油消费量见图 5-5。从地区结构看，2023 年，美国和中国是全球石油产品消费量最高的两个国家，其消费量分别占全球总量的 18.3%和 17.0%。在终端消费用途方面，交通运输占了最大的份额 (2020 年占 61.6%，且近二十年一直保持在 60%以上)，其次是非能源使用 (2020 年占 19.0%，近年比例呈上升趋势) 和工业使用 (2020 年占 8.0%，近年比例呈下降趋势)。作为世界第二大石油消费国，我国原油需求远远超出了国内的生产供给，需长期进口石油来弥补原油缺口，导致对外依存度高。最近几年，我国石油消费对外依存度一直超过 70%。

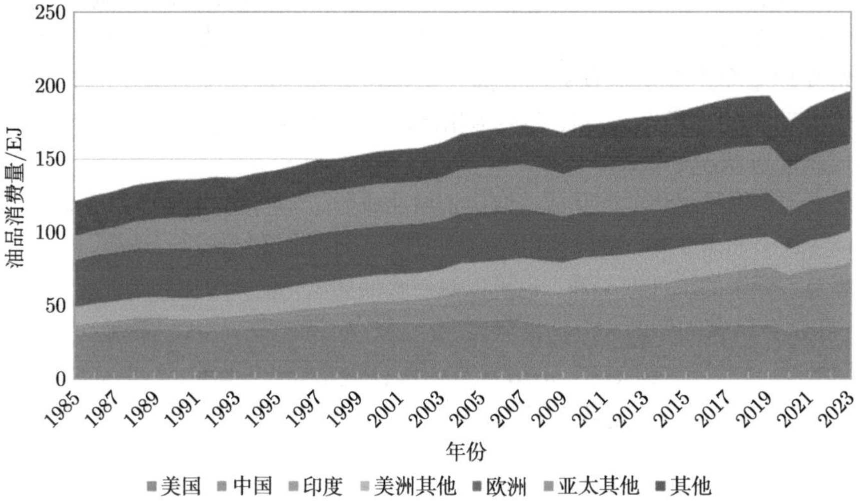

图 5-5 全球分地区 1985～2023 年油品消费量 ①

扫一扫
看彩图

由于与煤炭、天然气相比，石油价格较高，因此石油消费偏重经济发达地区，其中美国是世界第一大石油消费国。与此同时，在中东地区、俄罗斯、委内瑞拉等主要石油产地得益于其低油价，石油在能源结构中也占有比较大的比例。

三、石油与气候变化

石油产品的化学元素组成以碳、氢为主，其燃烧后的主要生成物除了二氧化碳以外，也有一部分甲烷和氧化亚氮等。IPCC 对于道路交通中使用的主要石油产品燃烧的排放因子见表 5-5。根据 IEA 数据，2022 年，全球用作燃料的石油产品终端消费量约 196.4EJ，若采用汽油在道路交通中的排放因子进行近似，可以估算出当年由石油产品燃烧导致的二氧化碳排放量为 136.1 亿 t，约占当年化石能源燃烧导致的二氧化碳排放量 351.3 亿 t 的 38.7%。

表 5-5 主要石油产品在道路交通使用过程中燃烧的排放因子 (单位：kg/TJ)

燃料	CO_2			CH_4			N_2O		
	默认值	低值	高值	默认值	低值	高值	默认值	低值	高值
汽油-无控制	69300	67500	73000	33	9.6	110	3.2	0.96	11
汽油-氧化催化	69300	67500	73000	25	7.5	86	8.0	2.6	24
汽油-1995 年及其后的低里程轻型车辆	69300	67500	73000	3.8	1.1	13	5.7	1.9	17
柴油	74100	72600	74800	3.9	1.6	9.5	3.9	1.3	12
液化石油气	63100	61600	65600	62	—	—	0.2	—	—
煤油	71900	70800	73700	—	—	—	—	—	—

此外，对比主要石油产品和煤炭产品的排放因子可见，获取相同能量时，使用石油产品

① 数据来源：Energy Institute, 2024. Statistical Review of World Energy 2024。链接https://www.energyinst.org/statistical-review/home，最后访问于 2025 年 3 月 27 日。

虽然会在一定程度上增加甲烷和氧化亚氮的排放，但能够大幅度减少二氧化碳的排放。当我们将不同温室气体的全球变暖潜力考虑在内时，仍然可以发现使用石油产品替代煤炭作为燃料，可以在获得相同的能量情况下使得对气候变化的影响下降 20%左右。因此终端能源的低碳替代也是减少温室气体排放的一种有效途径。

关键术语

原油
石油
常规石油
非常规石油
储产比
石油勘探
石油开采
石油加工
对外依存度
原油采收率
柴汽比

第六章　天　然　气

本章提要

■ 天然气是仅次于石油和煤炭的全球第三大能源品种。
■ 天然气在全球范围内分布不均，主要生产地集中在中东国家、俄罗斯和美国。
■ 我国虽然有适合天然气储藏的地质条件，但长期以来常规天然气的探明储量和产量并不大。
■ 全球天然气供需总体稳步增长，整体供需较为均衡，近年逐步呈现宽松趋势，我国天然气短缺问题严峻，对外依存度近年不断提高。
■ 人们对煤层气、天然气水合物、页岩气等非常规天然气的勘探开发越来越重视。
■ 页岩气是存储于页岩、泥岩及其夹层中的非常规天然气，具有分布深、大面积连续成藏、致密性强、低孔、低渗的特点。

第一节　天然气基本知识

一、天然气形成

广义的天然气是指自然界中天然存在的一切气体，包括大气圈、水圈和岩石圈中各种自然过程形成的气体 (包括油田气、气田气、泥火山气、煤层气和生物生成气等)。而人们日常所说的“天然气”，通常是从能源角度出发的狭义定义，是指天然蕴藏于地层中的烃类和非烃类气体的混合物。在本书中，我们默认使用天然气的狭义定义。

天然气的形成过程同石油类似，但比石油更容易生成。天然气主要由甲烷、乙烷、丙烷和丁烷等烃类组成，其中甲烷占 80%～90%。天然气中主要的有害杂质是二氧化碳、水、硫化氢和其他含硫化合物。因此，天然气在使用前也需净化，即脱硫、脱水、脱二氧化碳、脱杂质等。纯甲烷的高、低位发热值分别为 55.5MJ/kg 和 50.0MJ/kg，但由于天然气中除了甲烷还有其他的杂质，因此通常天然气的发热值比纯甲烷的发热值低。

二、天然气分类

天然气是除石油和煤炭之外的另一种重要的一次能源。与石油类似，人们根据开发对象和所需技术的差异，把天然气分为常规天然气和非常规天然气。

(一) 常规天然气

常规天然气是存在圈闭界限明显的气藏——包括纯天然气气藏和石油伴生气气藏中的天然气 (图 6-1)。由于其气藏特点，常规天然气通常以游离气的形式存在，因此采收较为容易。

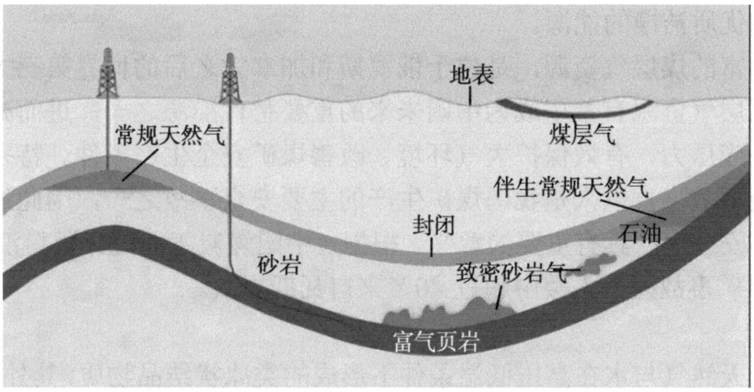

扫一扫
看彩图

图 6-1 主要天然气气藏示意图

(二) 非常规天然气

非常规天然气是指由于各种原因在特定时期内无法用常规技术进行盈利性开采的天然气，非常规天然气在开采技术发展到一定阶段后可以转换为常规天然气。非常规天然气分布在大面积连续分布的储层中，圈闭界限不明显，在现阶段，非常规天然气主要指以煤层气、页岩气、天然气水合物、致密砂岩气等形式储存的天然气。

1. 页岩气

页岩气是存储于页岩 (图 6-2)、泥岩及其夹层中的非常规天然气。页岩气具有分布深、大面积连续成藏的特点。

图 6-2 页岩

页岩层还具有致密性强、低孔、低渗的特点。页岩基质的孔隙度非常低，通常为 2%~4%；页岩层孔隙度的渗透率也很低，通常在 0.0001~0.1mD(渗透率是指在一定压差下，岩石允许流体通过的能力，渗透率单位是达西 (D), 常用的单位为毫达西 (mD))。形象地来说，如果有 $1m^3$ 页岩，那么其中孔隙能够容纳的水只会有 20~40L；如果产生了自然压力差，则每天页岩流动距离在 0.1mm~0.1m。也就是说，因为气体不容易向上聚集和流动，开采页岩气比较困难。

2. 煤层气

煤层气 (俗称瓦斯) 是指以甲烷为主要成分，以吸附态赋存于煤孔隙中为主 (70%~95%)、部分游离于煤孔隙中或溶解于煤层水中 (极少量) 的烃类气体，是煤的伴生矿产资源，属非常规天然气，是一种优质洁净的能源。

我国拥有非常丰富的煤层气资源，是位于俄罗斯和加拿大之后的世界第三大煤层气资源国，这些丰富的煤层气资源有希望成为中国未来的重要替代能源之一，进而减轻我国石油和常规天然气的供应压力、有效保护大气环境、改善煤矿安全生产条件。特别值得注意的是，由于煤矿瓦斯事故一直以来是我国煤矿生产的主要安全事故之一，因此进行煤层气生产对保障我国煤矿安全生产具有重要的意义。根据《中国煤炭工业统计资料汇编》数据，1993~2009 年全国煤矿事故死亡人数中超过 40%来自瓦斯事故。

3. 天然气水合物

天然气水合物是天然气与水在高压低温条件下形成的类冰状结晶物质，其外观像冰，遇火即燃，因此被称为“可燃冰”。全球天然气水合物估测储量巨大，是潜在的重要接替能源之一。

天然气水合物固然给人类带来了新的能源希望，但其开采困难，且若开采不当可能会对全球气候和生态环境，甚至人类的生存环境造成严重的威胁。例如，海底开采过程可能会造成海底物理性质的改变，对海底电缆等设施造成伤害；开采过程中的气体逃逸导致温室气体排放增多等。

2017 年 5 月 18 日，我国宣布试采天然气水合物成功，成为全球首个海域可燃冰试采获得连续稳定气流的国家。

第二节 天然气生产

一、天然气资源

天然气也同原油一样埋藏在特定的地质构造之中，有些和原油储藏在同一层位，有些则单独存在。对于和原油储藏在同一层位的天然气即石油伴生气，通常可以伴随原油一起开采出来。表 6-1 为 2020 年底全球天然气探明储量。

表 6-1 2020 年底全球天然气探明储量 [①]

	探明储量		占世界比例	储产比/年
	万亿 m^3	万亿 ft^3		
加拿大	2.35	83.13	1.3%	14.2
墨西哥	0.18	6.29	0.1%	5.9
美国	12.62	445.63	6.7%	13.8
北美洲总计	**15.15**	**535.04**	**8.1%**	**13.7**
阿根廷	0.39	13.62	0.2%	10.1
玻利维亚	0.21	7.52	0.1%	14.8
巴西	0.35	12.31	0.2%	14.6
哥伦比亚	0.09	3.04	0.0%	6.5
秘鲁	0.26	9.23	0.1%	21.6
特立尼达和多巴哥	0.29	10.24	0.2%	9.8
委内瑞拉	6.26	221.08	3.3%	333.9

① 数据来源：Energy Institute, 2024. Statistical Review of World Energy 2024。链接https://www.energyinst.org/statistical-review/home，最后访问于 2025 年 3 月 27 日。

续表

	探明储量		占世界比例	储产比/年
	万亿 m^3	万亿 ft^3		
中南美洲其他	0.05	1.87	0.0%	19.7
中南美洲总计	**7.90**	**278.90**	**4.2%**	**51.7**
丹麦	0.03	0.99	0.0%	20.3
德国	0.02	0.69	0.0%	4.4
意大利	0.04	1.50	0.0%	10.9
荷兰	0.13	4.59	0.1%	6.5
挪威	1.43	50.47	0.8%	12.8
波兰	0.07	2.55	0.0%	18.4
罗马尼亚	0.08	2.79	0.0%	9.1
乌克兰	1.09	38.54	0.6%	57.5
英国	0.19	6.60	0.1%	4.7
欧洲其他	0.09	3.19	0.0%	14.3
欧洲总计	**3.17**	**111.90**	**1.7%**	**14.5**
阿塞拜疆	2.50	88.42	1.3%	96.9
哈萨克斯坦	2.26	79.71	1.2%	71.2
俄罗斯	37.39	1320.47	19.9%	58.6
土库曼斯坦	13.60	480.32	7.2%	230.7
乌兹别克斯坦	0.85	29.85	0.4%	18.0
独联体其他	0.00	0.10	0.0%	9.1
独联体总计	**56.60**	**1998.87**	**30.1%**	**70.5**
巴林	0.06	2.29	0.0%	3.9
伊朗	32.10	1133.65	17.1%	128.0
伊拉克	3.53	124.61	1.9%	336.3
以色列	0.59	20.78	0.3%	39.7
科威特	1.69	59.85	0.9%	113.2
阿曼	0.67	23.53	0.4%	18.0
卡塔尔	24.67	871.05	13.1%	144.0
沙特阿拉伯	6.02	212.56	3.2%	53.7
叙利亚	0.27	9.49	0.1%	89.6
阿联酋	5.94	209.72	3.2%	107.1
也门	0.27	9.39	0.1%	2618.8
中东其他	0.00	0.17	0.0%	24.7
中东总计	**75.81**	**2677.10**	**40.3%**	**110.4**
阿尔及利亚	2.28	80.49	1.2%	28.0
埃及	2.14	75.49	1.1%	36.6
利比亚	1.43	50.49	0.8%	107.4
尼日利亚	5.47	193.28	2.9%	110.7
非洲其他	1.57	55.41	0.8%	54.8
非洲总计	**12.89**	**455.16**	**6.9%**	**55.7**
澳大利亚	2.39	84.39	1.3%	16.8
孟加拉国	0.11	3.89	0.1%	4.5
文莱	0.22	7.85	0.1%	17.6

续表

	探明储量		占世界比例	储产比/年
	万亿 m^3	万亿 ft^3		
中国	8.40	296.59	4.5%	43.3
印度	1.32	46.63	0.7%	55.6
印度尼西亚	1.25	44.22	0.7%	19.8
马来西亚	0.91	32.07	0.5%	12.4
缅甸	0.43	15.26	0.2%	24.4
巴基斯坦	0.38	13.59	0.2%	12.6
巴布亚新几内亚	0.16	5.76	0.1%	13.7
泰国	0.14	5.05	0.1%	4.4
越南	0.65	22.81	0.3%	74.1
亚太其他	0.19	6.68	0.1%	11.5
亚太总计	**16.56**	**584.81**	**8.8%**	**25.4**
全球总计	**188.07**	**6641.78**	**100.0%**	**48.8**
其中：经合组织	20.28	716.17	10.8%	13.7
非经合组织	167.79	5925.61	89.2%	70.6
欧盟	0.44	15.60	0.2%	9.2

2020 年底，全球天然气探明储量为 188.07 万亿 m^3，其中中东地区和独联体国家分别拥有总探明储量的 40.3%和 30.1%。从国别看，天然气探明储量排名前五的国家分别是俄罗斯、伊朗、卡塔尔、土库曼斯坦和美国，这五个国家占全球总探明储量的 64.0%。

我国沉积岩分布面积广，陆相盆地多，形成了多种优越的天然气储藏的地质条件。早期勘探中认为我国陆上天然气主要分布在中部和西部地区，在东北及东部的大庆、胜利等油田也有油田伴生气的存在。而随着勘探技术的发展和海上勘探钻井技术的逐步发展成熟，海上天然气田更多地进入人们的视野，储量丰富，前景良好。目前我国的天然气储量主要集中在渤海湾盆地、四川盆地、松辽盆地、准噶尔盆地、莺歌海–琼东南盆地、柴达木盆地、吐鲁番–哈密盆地、塔里木盆地、鄂尔多斯盆地等地。

但我国天然气的储量和产量都长期维持在一个比较小的规模。截至 2020 年底，我国的天然气探明储量仅为 8.4 万亿 m^3，不足全球探明储量的 5%。

二、天然气开采

(一) 产量与分布

全球分产地 1985~2023 年天然气产量见图 6-3。2023 年，世界天然气产量 40592 亿 m^3(折合 146EJ)。天然气在全球的生产主要集中于美国和俄罗斯 (美国 10353 亿 m^3，俄罗斯 5864 亿 m^3)，这两个国家 2023 年提供全球天然气产量 40.0%的份额。近十年我国天然气产量快速增长，2013~2023 年年均增长率达到 6.8%，2023 年，我国天然气产量为 2343 亿 m^3。

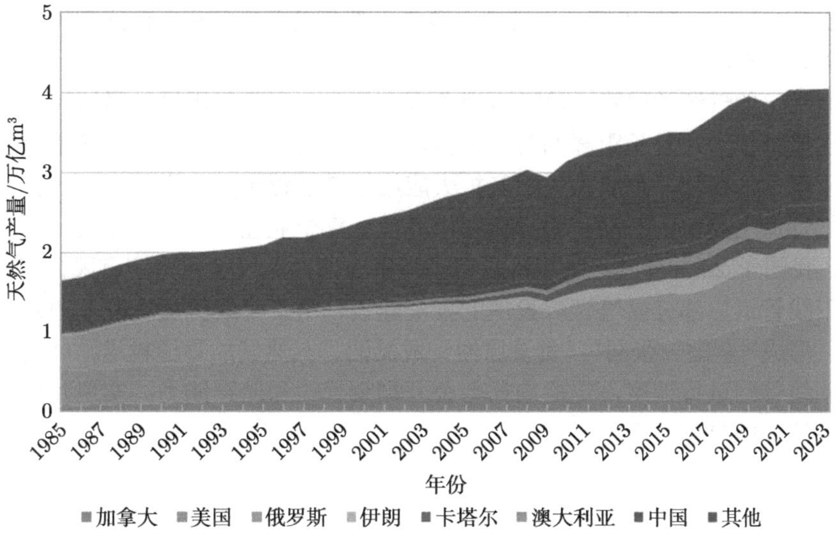

图 6-3　全球分产地 1985～2023 年天然气产量 ①

扫一扫
看彩图

扩展阅读 天然气的产业链

天然气产业链可以分为上游天然气勘探开采、中游仓储运输以及下游分销应用 (图 6-4)。上游主要是对天然气进行勘探和开采；中游仓储运输主要包括管道运输、液化天

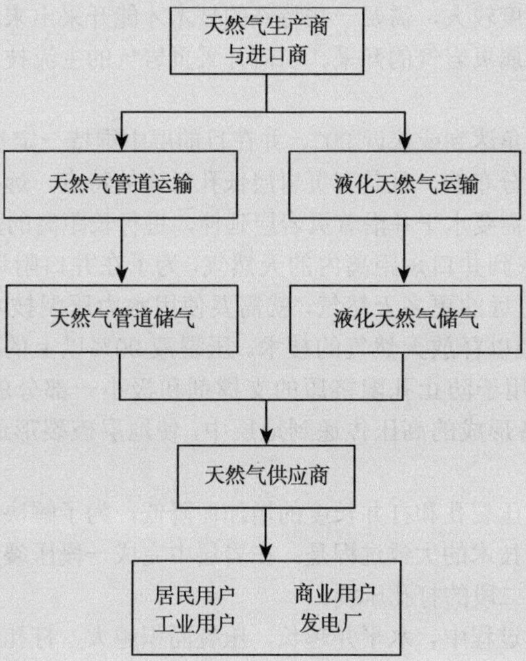

图 6-4　我国天然气产业链

① 数据来源：Energy Institute, 2024. Statistical Review of World Energy 2024。链接https://www.energyinst.org/statistical-review/home，最后访问于 2025 年 3 月 27 日。

然气 (LNG) 运输、储气库等；下游则主要是天然气的分销应用，向终端用户或燃气分销商销售天然气。

大型稳定的气源常用管道输送至消费区，每隔一段距离需设一增压站，故长距离管道输送投资很大，且长距离的管道运输，对管道防腐、管道安全、管道铺设等能力都提出了巨大的挑战，也成为天然气扩大应用规模过程中的一道门槛。过去，我国石油天然气管道主要由中石油、中石化和中海油三家企业经营，在深化油气体制改革的过程中，我国于 2019 年 12 月 9 日成立了国家石油天然气管网集团有限公司，负责全国油气干线管道、部分储气调峰设施的投资建设，负责干线管道互联互通及与社会管道联通，形成“全国一张网”，负责原油、成品油、天然气的管道输送，并统一负责全国油气干线管网运行调度，定期向社会公开剩余管输和储存能力，实现基础设施向所有符合条件的用户公平开放等。

(二) 生产方式

1. 常规天然气生产方式

常规天然气的开采与石油类似，也需要经过勘探、钻井和采收三个环节，但采收率较高，可达 60%~95%。此外，很多气藏与油藏伴生，因此大量的天然气是在生产石油的过程中作为副产品生产出来的。

2. 非常规天然气生产方式

非常规天然气因其成因、成藏机理与常规天然气不同，主要以吸附气或固体结晶化合物的形态存在，开发难度较大，需要一些特殊的技术才能开采出来。在非常规天然气开采过程中，最受关注的当属页岩气的开采。当前开采页岩气的主流技术是水平井水力多级压裂技术。

水平井是最大井斜角达到或接近 90°，并在目的层中维持一定长度水平井段的特殊井。由于页岩层大致是水平分布的，且具有页岩层低孔低渗的特点，远处的天然气很难自然流动到井口，所以开采时需要水平井沿着页岩层延伸，进行长距离的开采。

水平井也只能获取到井口短距离内的天然气，为了在井口附近加大页岩气的流动性从而采收到距离井口更远的更多天然气，就需要使用水力压裂技术——一种用压裂液灌入页岩层进行液压碎裂以释放天然气的技术。压裂液 90%以上的物质是水 (水力压裂技术因此得名)，还包含用于防止孔隙挤压的支撑剂和极小一部分的化学物质。压裂液的主要作用是将地面设备形成的高压传递到地层中，使地层破裂形成裂缝并沿裂缝输送支撑剂。

岩层的压力会随着压裂孔和打井长度的增加而降低，为了解决这一问题，人们又发明了分段压裂技术。这种技术的大致过程是：在岩层中完成一段压裂后，再加入桥塞避免压力泄漏，然后再进行第二段的打孔压裂。

通常在页岩气开发过程中，水平井越长、压裂面积越大、打孔越密集，采集页岩气的效果就越好。

(三) 页岩气生产

1. 美国

美国是当今页岩气商业开采取得最显著成功的国家。美国的第一口页岩井开发于 1821 年，而在此之后 100 多年几乎没有发展，原因是页岩气的成本收益比太高，厂商无利可图。也就是说当时的页岩气在经济上是不具有吸引力的。

1976 年，由于世界石油危机和美国本身油气产量达峰的问题，美国政府提出东部页岩气/气页岩工程 (Eastern Gas Shale Project, EGSP) 计划，对页岩气进行研究。五年以后，巴尼特 (Barnett) 页岩气田进行开发，该页岩气田在美国页岩气行业的地位是举足轻重的，是第一个研发并且密集应用页岩气技术的气田。

在石油开采经验的基础上，依靠美国政府的资助，美国从 20 世纪 80 年代开始进入了页岩气开发技术储备期。又经过很长时间的技术尝试，在 1999 年，水平井水力多级压裂技术进入人们的视野，标志着最基本的技术储备已经完成。2007 年，页岩气开采迎来了突破，许多人把这一年当作美国页岩气革命开始的标志。此后，页岩气的产量保持快速增长，至 2023 年，美国页岩气产量达到 34.7 万亿 ft^3 ($1ft^3 = 2.83 \times 10^{-2}m^3$)，占该国天然气产量的 76%(图 6-5)。

页岩气开采对美国的能源独立具有重大意义。2011 年，美国天然气生产总量超过俄罗斯，成为世界第一大天然气生产国。2017 年，美国已经实现了天然气的自给自足，从能源进口国向能源出口国转换。近年来，美国的天然气出口在一定程度上替代了俄罗斯向其他欧洲国家的天然气供应，从而导致美国对于欧洲的地缘政治局势有更大的影响力。

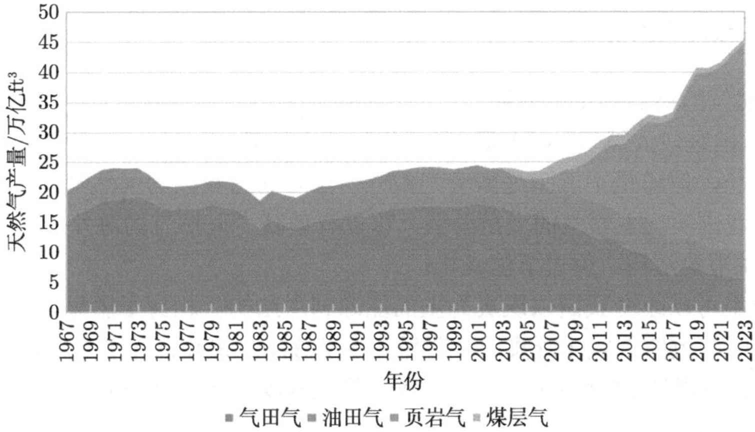

扫一扫
看彩图

图 6-5　1967～2023 年美国天然气产量及其结构 ①

2. 加拿大

加拿大是继美国之后第二个进行页岩气勘探和开发的国家。加拿大 2014 年开采了 215 亿 m^3 页岩气，占当年加拿大天然气产量的 21.4%。加拿大的页岩气资源主要集中在西部地区，这个地区的地质条件和美国比较相似。

① 数据来源：Energy Institute, 2024. Statistical Review of World Energy 2024。链接https://www.energyinst.org/statistical-review/home，最后访问于 2025 年 3 月 27 日。

3. 拉丁美洲

拉丁美洲也拥有丰富的页岩气资源，主要集中在阿根廷、墨西哥和巴西。欧洲的页岩气资源主要分布在俄罗斯、波兰、法国和乌克兰等国。天然气大国俄罗斯在 2012 年加入了全球页岩气革命的发展计划。波兰和法国的页岩气储量都很丰富，但由于高成本以及环境污染的问题，这些地区的开发状况并不理想。

4. 中国

与美国类似，我国也拥有丰富的页岩气资源。我国有机质页岩分布广泛，具备页岩气成藏条件，资源潜力较大。根据 EIA 在 2015 年进行的估计，中国页岩气可采资源量为 31.2 万亿 m^3，是世界上页岩气储量最大的国家 (美国排名第四)；国土资源部 2016 年的评价结果显示，我国页岩气可采资源量为 21.8 万亿 m^3；中国石油勘探开发研究院 2016 年的评价结果显示，我国的页岩气可采资源量为 12.8 万亿 m^3。不同机构的估计偏差较大，但是总体而言，我国的页岩气储量是相当可观的。因此页岩气的开发对我国天然气供给的保障能起到重要的支撑作用。

我国已探明的页岩气资源集中于四川盆地及塔里木盆地，以及北部和东北地区。四川盆地是中国最活跃的页岩气开发区域，中石油、中石化和壳牌等公司在这一地区都有钻井项目。

尽管我国有丰富的页岩气储量，但由于埋藏地质条件、水资源、运输基础设施等的差异，我国要利用这些束缚在页岩中的资源比美国更加困难。我国顺应页岩气开采的趋势，提出了页岩气开采计划。总体而言，我国页岩气开采逐渐增加，计划也在逐步调整，页岩气的发展仍然在积极试验的阶段。2024 年，我国页岩气产量保持 250 亿 m^3 以上规模。

扩展阅读 开发页岩气对我国的意义

(1) 改变天然气的供需不平衡的局面。

2021 年，我国进口天然气 1680 亿 m^3，进口依存度超过 45%，尽管近年国内天然气产量持续增长，但还是不能满足需求，预计一段时间内我国的天然气产销缺口仍将继续扩大。而我国实现页岩气的大量开采，可以有效减少天然气的对外依存。

(2) 改善能源消费结构，促进节能减排。

天然气的使用可以改变我国以煤炭为主的能源利用结构。相比于燃煤，燃烧天然气获取相同热量时导致的二氧化碳排放量降低 40%左右，二氧化硫排放量降低 99%以上，氮氧化物排放量降低 80%以上，粉尘排放量降低 90%以上，因此如果用天然气替代煤炭，会有很好的减排效果。

第三节 天然气使用

一、天然气使用历史和优缺点

公元前 2000 年前，古代波斯人已经发现了地表渗出的天然气。人们发现它可以用来燃烧照明，古代波斯人因此制作了“永不熄灭的火炬”。中国对天然气的开发和利用可以追溯到战国时期，李冰父子在四川兴修水利时，在盐井中发现了天然气，当时称为“火井”。从公元 200 年开始，在邛崃境内就开始用气熬盐。北宋时期宋仁宗 (1022~1063 年在位) 时，中国的钻井工艺有了大的革新，促进了天然气的开发利用。

相比于煤炭和石油，天然气最显著的优点是燃烧时有很高的发热值，燃烧后排放的污染物和温室气体更少。

天然气的主要缺点之一是，其主要成分甲烷是一种全球变暖潜能值很高 (100 年时间范围内单位质量天然气的辐射强迫是二氧化碳的 25 倍) 的温室气体，其生产和使用过程中的泄漏都可能对气候变化造成影响。此外，天然气的运输也相较于固态和液态燃料更加困难，需要使用专用的管道或容器，导致使用天然气的初始投资较高。

二、天然气消费

世界天然气消费在最近几十年快速上升 (图 6-6)，2023 年全球天然气消费量达到 144EJ (折合 40102 亿 m^3)，是消费量仅次于石油产品和煤炭的第三大能源品种。

总体而言，天然气的生产和消费具有较强的区域性特征。长期以来北美洲的天然气消费量都是位列全球第一，该地区在国际天然气市场上拥有着举足轻重的地位，2023 年北美洲天然气消费量达到 39.8EJ，占全球总量的 27.5%。

随着我国居民收入水平的上升，人们对环境质量的关注也越来越高，燃煤的负外部性已经越来越受到重视，相比于煤炭，天然气是一种更加清洁的能源，因此受到越来越多的政策关注。2017 年开始我国相关部门积极推进北方地区冬季清洁取暖工作，使天然气在我国能源消费结构中所占的比重不断增加。2024 年，中国天然气表观消费量达到 4261 亿 m^3，2016~2024 年年增长率达到 9.5%。但我国的人均天然气消费量仍然远低于美国、加拿大、俄罗斯、澳大利亚等国。

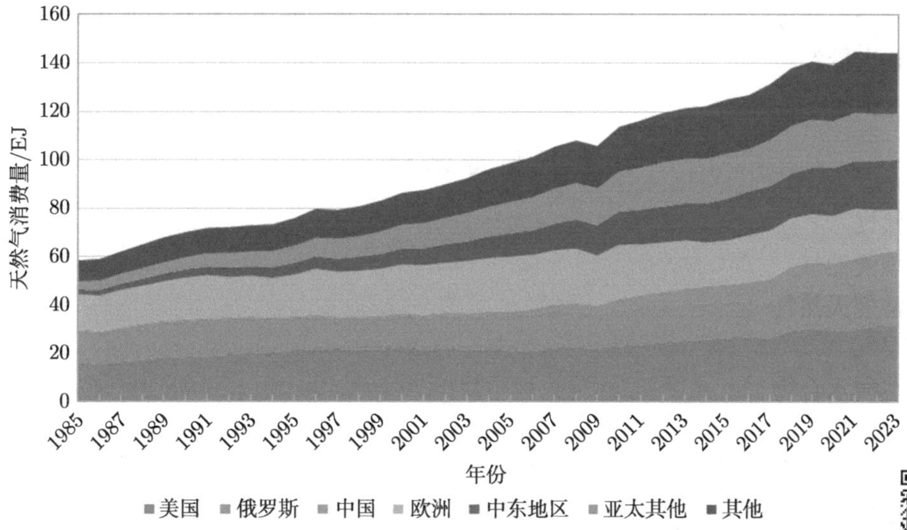

图 6-6　全球 1985~2023 年天然气消费量 [①]

扫一扫
看彩图

① 数据来源：Energy Institute, 2024. Statistical Review of World Energy 2024。链接https://www.energyinst.org/statistical-review/home，最后访问于 2025 年 3 月 27 日。

三、天然气与气候变化

天然气燃烧的主要产物是二氧化碳和水蒸气，一般情况下释放相同热量时燃烧天然气造成的温室气体排放量远少于煤炭和石油产品，表 6-2 列出了天然气在能源部门固定燃烧设备中燃烧的排放因子。根据 IEA 数据，2022 年，全球用作燃料的天然气终端消费量约 136.4EJ，按照默认排放因子估算，这些天然气燃烧导致的二氧化碳排放量约 77 亿 t，约占当年化石能源燃烧导致的二氧化碳排放量 341 亿 t 的 22.6%。

表 6-2 天然气在能源部门固定燃烧设备中燃烧的排放因子 (单位：kg/TJ)

燃料	二氧化碳			甲烷			氧化亚氮		
	默认值	低值	高值	默认值	低值	高值	默认值	低值	高值
天然气	56100	54300	58300	1	0.3	3	0.1	0.03	0.3

由于天然气的温室气体排放因子显著低于煤炭和石油产品，因此在发电、工业生产等过程中使用天然气替代煤炭和石油产品，可以有效减少能源使用对气候变化的影响。

最后值得注意的是，在石油开采过程中，有时候会因为地质或者设备条件限制而产生一些无法收集利用的天然气，这些天然气如果直接排放到大气中，会对气候变化造成显著影响。为了减少对气候变化的影响，人们通常会进行天然气燃除 (natural gas flaring)，即将甲烷转化为二氧化碳的过程，例如，2022 年全球因为天然气燃除而烧掉了 1468 亿 m^3 的天然气。

练习题 天然气燃除

2022 年，因为天然气燃除而造成了约 3 亿 t 的二氧化碳排放，如果这些天然气不进行燃除而直接排放到大气中，其排放量通过全球变暖潜能值折算相当于多少亿吨二氧化碳当量?

关 键 术 语

天然气
常规天然气
非常规天然气
煤层气
天然气水合物
页岩气
水平井水力多级压裂
天然气燃除

第三篇

非化石能源

第七章　水　　能

本章提要

- ■ 水能是指从水体流动中获得的能量资源，又称为水力资源，是自然界广泛存在的一次能源。
- ■ 水能开发的原理是将水在重力作用下形成的动能转化为机械能，然后再由水轮机带动发电机旋转产生电能。
- ■ 水电站根据落差方式主要分为堤坝式、引水式和混合式三种基本类型。
- ■ 水力发电具有综合性、灵活性、清洁性、可再生性、运营维护简单、综合效益显著等优点，其主要缺点是受自然条件限制大。
- ■ 我国土地辽阔，河流众多，径流丰沛，落差巨大，蕴藏着丰富的水能资源。
- ■ 三峡工程是我国最具有代表性的水能利用实践，具有防洪、发电和航运三大效益。
- ■ 小水电是指装机容量很小的水电站或水力发电装置，我国将装机容量小于 50MW 的水电站称为小水电。
- ■ 抽水蓄能电站是指利用电网中负荷低谷时的电力，由下水库抽水到上水库蓄能，待电网高峰负荷时，放水回到下水库发电的水电站，是经济、清洁的大规模储能方式。

第一节　水能基本知识

一、基本概念

水能是指从水体流动中获得的能量资源，又称为水力资源，是自然界广泛存在的一次能源。水能可以通过水力发电站方便地转换为优质的二次能源——电能，但在能源统计中通常将水电直接归类为一次能源。水能是常规可再生能源，而且水力发电过程对环境无污染，因此水能被视为清洁能源。

扩展阅读 水利还是水力？

"水利"是指人类社会为了生存和发展的需要，采取各种措施，对自然界的水和水域进行控制和调配，以防治水旱灾害，开发利用和保护水资源。其包括防洪、排水、灌溉、水力、水道、给水、污渠、港工、水土保持、水资源保护、环境水利和水利渔业等工程在内。

"水力"即"水能"，是海洋、河流、湖泊的水流所产生的做功能力，是自然能源之一，可以用作发电和转动机器的动力。

水能开发的原理是利用水的落差在重力作用下形成动能，从河流或水库等高位水源处向低位处引水，利用水的压力或者流速冲击水轮机，使之旋转，从而将水能转化为机械能，然后再由水轮机带动发电机旋转，切割磁力线产生交流电。同时，低位水通过水循环的阳光吸收而获得热能和重力势能，并进一步通过降水分布在地球各处，从而回复高位水源的水分布。图 7-1 为水循环示意图。

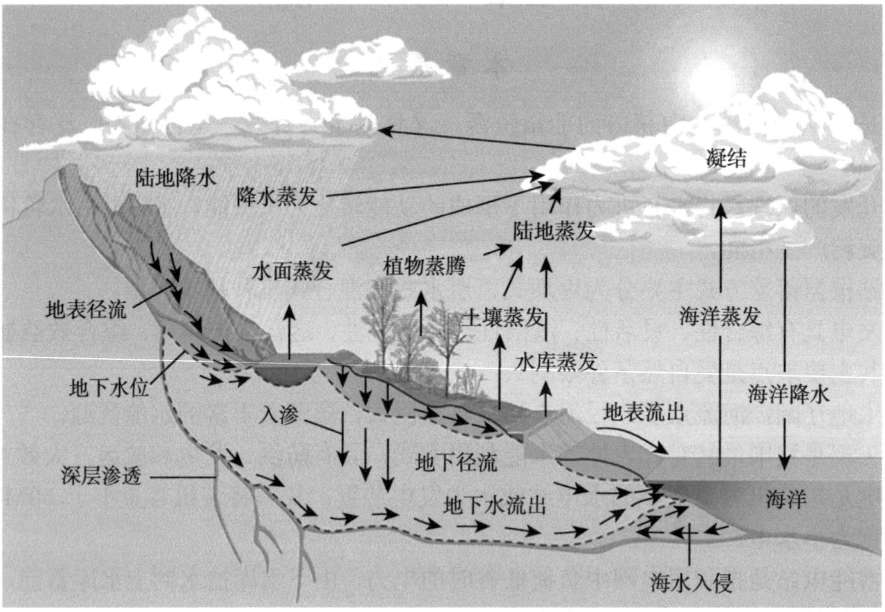

图 7-1　水循环示意图①

扫一扫
看彩图

二、水能资源

国际水电协会和 IEA 估计，未来全球技术可开发的水电潜力为每年 14000 TW·h，其中当前经济可开发资源约为 8000 TW·h，主要集中在亚洲 (3600 TW·h)、南美洲 (1600 TW·h) 和非洲 (1000 TW·h)。

我国土地辽阔，河流众多，径流丰沛，落差巨大，蕴藏着丰富的水能资源。中国水能资源理论蕴藏量近 700 GW，其中经济可开发容量近 400 GW，年可发电量约 1700 TW·h，是世界上水能资源最丰富的国家。

由于我国幅员辽阔，地形与雨量差异较大，从而形成水能资源在地域分布上的不平衡，水能资源分布总体特点是西部多、东部少。根据表 7-1 列出的我国各水系水能资源储量分布情况，我国水能资源主要蕴藏于长江、雅鲁藏布江及西藏其他河流、西南国际诸河等河流，黄河、珠江、北方内陆及新疆诸河、东南沿海诸河和东北诸河也蕴藏着较丰富的水能资源。其中长江水能蕴藏量占全国的 39.6%，位居第一。其次为雅鲁藏布江及西藏其他河流，占比 23.6%。我国河流水能资源较为集中，有利于实现流域、梯级、滚动开发，有利于建成大型的水电基地。

① 图片改编自：https://www.britannica.com/science/evaporation，最后访问于 2025 年 4 月 1 日。

表 7-1　我国水能资源蕴藏量分布[①]

流域	理论出力/(万 kW)	全国占比/%
全国	67605	100
长江	26802	39.6
黄河	4055	6.0
珠江	3348	5.0
海滦河	294	0.4
淮河	145	0.2
东北诸河	1531	2.3
东南沿海诸河	2067	3.1
西南国际诸河	9690	14.3
雅鲁藏布江及西藏其他河流	15974	23.6
北方内陆及新疆诸河	3699	5.5

三、水能优缺点

水能资源利用的优点包括：①水能是一种清洁、气候友好的可再生能源；②水能利用不需要支付燃料成本，发电成本低，投资回收快，运行管理人员少，且水电站寿命通常较长；③大型水电站通常兼具防洪、灌溉、航运、旅游等综合经济效益；④具有较高的灵活性和可调节性。

水力发电的主要缺点包括：①水能分布受水文、气候、地貌等自然条件限制大；②大坝以下水流侵蚀加剧以及河流变化会对下游土壤条件和生态环境产生影响；③大型工程前期投资巨大，且库区移民可能产生社会影响；④设计不当 (例如蓄水面积/装机容量比过大) 的水电站可能导致温室气体排放量超过传统火电站。

第二节　水能利用技术

以水能来发电的工厂称为水力发电厂，简称水电厂或水电站。根据河段自然条件的限制，按不同的开发方式修建起来的水电站，其枢纽布置、建筑物组成等也截然不同。水电站可以根据落差方式分为堤坝式、引水式和混合式三种基本类型，还可以根据径流调节程度、水头大小、发电装机容量大小等方式分类。下面主要介绍堤坝式和引水式水电站的特点。

一、堤坝式水电站

堤坝式水电站是由河道上的挡水建筑物维持高水位而形成发电水头的水电站。堤坝式水电站由挡水建筑物、泄水建筑物、压力管道、厂房及机电设备等组成。当水电站水头较高时，通常专门修筑大坝作挡水建筑物；当水头较低时，可以使用水闸甚至发电站厂房作为挡水建筑物的一部分。堤坝式水电站适宜建在河道坡降较缓且流量较大的河段。由挡水建筑物形成的水库常可调节径流，其调节能力取决于调节库容与入库径流比值的大小。有些堤坝式水电站具有多年调节和年调节的水库，也有的坝式水电站水库容积很小，只能进行日调节甚至不能调节径流。不能调节径流的水电站称为径流式水电站。

① 数据来源：http://www.hydropower.org.cn/cn/index/734_1105067_70731，最后访问于 2025 年 4 月 1 日。

扩展阅读 电力调度与洪水调度

电力调度是为了保证电网安全稳定运行、对外可靠供电、各类电力生产工作有序进行而采用的一种有效的管理手段。电力调度的具体工作内容是依据各类信息采集设备反馈回来的数据信息，或监控人员提供的信息，结合电网实际运行参数，如电压、电流、频率、负荷等，综合考虑各项生产工作开展情况，对电网安全、经济运行状态进行判断，通过电话或自动系统发布操作指令，指挥现场操作人员或自动控制系统进行调整，例如调整发电机出力，调整负荷分布，投切电容器、电抗器等，从而确保电网持续安全稳定运行。

所有并入电网的发电站都需要根据实时电力供给需求来调节其运行，从而保障电网安全。但水电站的运行除了需要受到电力供需影响外，还受到水库调度特别是洪水调度的影响。

洪水调度是指汛期水库根据调度计划和短期预报对每次实际洪水进行具体调度，在确保大坝安全和满足上、下游防洪标准的前提下，最大限度地减少放泄流量，充分利用水库，保障上、下游安全。

堤坝式水电站的大坝通常分为重力坝和拱坝两种类型。重力坝是比较常见的大坝，其坝体浇筑在地基之上，挡水时依靠坝体与地基之间的摩擦力来维持稳定，80%左右的大坝都是这种类型。拱坝是拱形的壳体结构。由于拱形结构，拱坝将水压力传递给两岸的地基，依靠地基的反作用力来挡水，因此拱坝重量要比重力坝小。但是，由于拱坝依靠两岸的地基来挡水，其对地质条件的要求就非常高，拱坝的地基必须为岩石结构。

二、引水式水电站

引水式水电站是指自河流坡降较陡、落差比较集中的河段，以及河湾或相邻两河河床高程相差较大的地方，利用坡降平缓的引水道引水而与天然水面形成符合要求的水头发电的水电站。引水式水电站的装机容量主要取决于水头和流量的大小。山区河流适合于修建引水式水电站，其特点是水流量不大但落差较大，发电水头可通过修造引水明渠或引水隧洞来取得。

第三节　水能利用现状

一、全球水电发展

2020 年，全球水力发电 4453 TW·h，占总发电量的 16.6%，是仅次于煤炭和天然气的第三大电力来源，同时也是仅次于石油、煤炭和天然气的第四大一次能源。2020 年，全球水力发电量最多的五个国家依次是中国、巴西、加拿大、美国和俄罗斯 (表 7-2)。但上述国家水力发电对其电力供应的贡献率却差别很大，例如，巴西的水力发电贡献了全国发电量的 64.7%，但美国却只有 7.1%。

表 7-2 2020 年全球十大水电生产国

	年发电量 /(TW·h)	装机容量 /GW	装机容量占世界比重	发电量占本国发电比重
中国	1232	352	28.5%	17.2%
巴西	389	105	9.0%	64.7%
加拿大	386	81	8.9%	59.0%
美国	317	103	7.3%	7.1%
俄罗斯	193	51	4.5%	17.3%
印度	151	49	3.5%	9.6%
挪威	140	33	3.2%	95.0%
日本	88	50	2.0%	8.4%
越南	84	18	1.9%	34.9%
法国	71	26	1.6%	12.1%

扩展阅读 不同电力来源的对比

当人们讨论某种电力来源对全球或一个地区的能源及电力系统的贡献时，或者对比不同电力来源的重要程度时，通常会从两个指标去讨论——发电量及发电装机容量。这两个指标的关联可以通过容量因子或者发电利用小时数来刻画。

发电装机容量是指发电设备在满负荷运行时能够输出的最大电功率；容量因子指发电设备特定时间内实际发电量与额定满负荷发电量之比；而发电利用小时数是在一定时间内发电设备在额定功率下的运行小时数，现实中用实际发电量与额定装机容量之比来衡量。

一般而言，一种发电技术的容量因子或者发电利用小时数越高则代表其利用效率越高，因此可以在相同的装机容量情况下获得更多的电力输出。例如，图 7-2 展示了

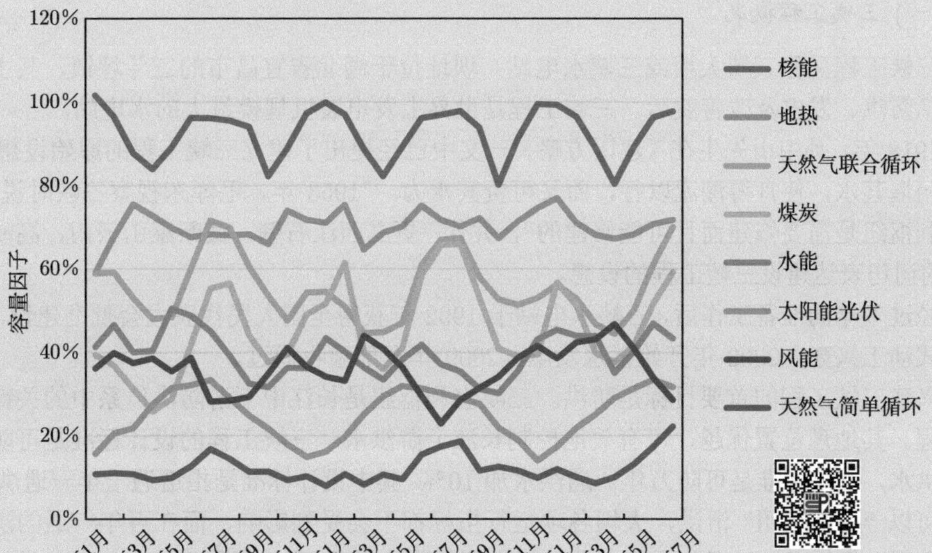

扫一扫
看彩图

图 7-2 2020 年 1 月 ~2022 年 7 月美国主要发电技术容量因子变化 (数据来源：美国能源信息署，US Energy Information Administration)

美国 2020 年 1 月 ~2022 年 7 月主要发电机技术容量因子随时间的变化，其中核能的容量因子总是最高的，天然气简单循环机组的容量因子总是最低，而太阳能光伏、风能等新能源发电技术的容量因子也普遍较低。可以看出，同样一个单位的发电装机容量，当其来自不同电力来源时，可以获得的电量可能存在很大的差别。

练习题 电力统计

根据 2021 年我国电力统计部分基本数据 (表 7-3) 计算：(1) 我国 2021 年总发电装机容量、总发电量；(2) 全国以及各类电源的容量因子 (以百分数表示，有效数字保留到 1%) 和发电利用小时数 (有效数字保留到个位)。

表 7-3 2021 年我国电力统计部分基本数据

	装机容量/(万 kW)	发电量/(亿 kW·h)
水电	39094	13399
火电	129739	56655
核电	5326	4075
风电	32871	6558
太阳能发电	30654	320
其他	94	2

二、三峡工程

(一) 三峡工程概况

三峡工程又称三峡大坝或三峡水电站，坝址位于湖北省宜昌市的三斗坪镇，其主要功能包括防洪、发电及改善航运。三峡工程是世界上发电装机规模最大的水电站。

1918 年，孙中山先生在《建国方略》一文中已经提出了建立三峡工程的原始设想："当以水闸堰其水，使舟得溯流以行，而又可资其水力。"1953 年，毛泽东视察三峡时说："三峡水利枢纽是需要修建而且可能修建的"，并作"更立西江石壁，截断巫山云雨，高峡出平湖"的词句表达建设三峡工程的设想。

经过多年的准备工作后，三峡水电站于 1992 年获得全国人民代表大会批准建设，1994 年正式动工兴建，2003 年开始蓄水发电，2009 年全部验收通过。

兴建三峡工程的首要目标是防洪。三峡水利枢纽是长江中下游防洪体系中的关键性骨干工程。其地理位置优越，可有效地控制长江上游洪水。三峡工程的设计标准是可防千年一遇洪水，校核标准是可防万年一遇洪水加 10%。其中设计标准是指遭遇千年一遇洪水时，大坝可以"正常运用"泄洪，大坝各项运行指标都不会受到影响，而在百年一遇的洪水面前，还可以保护下游河段的安全。校核标准则是指在遭遇万年一遇再加 10%的非常特大洪水的情况下，水库大坝可以"非常运用"泄洪 (指紧急泄洪)，大坝主体不会受到破坏，更不会出现溃坝，但其他方面可能会受到影响，如炸开"非常泄洪道"。

三峡大坝总水电装机容量为 2250 万 kW，2010~2019 年年平均发电量为 919 亿 kW·h，2020 年发电量达到 1118 亿 kW·h，打破了之前由伊泰普水电站保持的世界纪录。三峡电力为经济发达、能源不足的华东、华中和华南地区提供可靠、廉价、清洁的可再生能源，对经济发展和减少环境污染起到了重大的作用。

在改善航运方面，建坝前三峡的天然航道水势落差大水流急，满载的货船上行困难，因此主要以下行货运为主，上行货轮空载或轻载。建坝后，库区水流速度减慢，上行货轮货流量接近，有的年份甚至超过下行，航道变宽，可双向行驶并减少了事故率，库区和船闸最大可允许排水量 3000t 的内河船行驶，航道单向年通过能力由 2006 年的 3400 万 t 提高到 2021 年的 1.5 亿 t，运输成本明显降低。经水库调节，宜昌下游枯水季最小流量提高，使长江中下游枯水季航运条件也有较大的改善。

(二) 地理位置

三峡工程大坝坝址选定在宜昌市三斗坪镇，在已建成的葛洲坝水利枢纽上游约 40km 处。坝址区交通条件良好，长江水运可直达坝区。工程开工后，修建了宜昌至工地长约 26km 的准一级专用公路及大坝下游 4km 处的跨江大桥——西陵长江大桥，还修建了一批坝区码头。

其次，坝址区地形适宜。坝区河谷开阔，两岸岸坡较平缓，江中有一小岛 (中堡岛)，具备良好的分期施工导流条件。

另外，坝址区地质条件优越。枢纽建筑物基础为坚硬完整的花岗岩体，岩石抗压强度约 100MPa；岩体内断层、裂隙不发育，且大多胶结良好、透水性微弱。这些因素构成了修建混凝土高坝的优良地质条件。

(三) 主要水工建筑物

三峡工程的主要水工建筑物由大坝、通航建筑物、水电站三大部分组成。主要建筑物的型式及总体布置，经对各种可能性方案的多年比较和研究，并通过水力学、结构材料和泥沙等模型试验研究验证确定 (图 7-3)。枢纽总体布置方案如下：

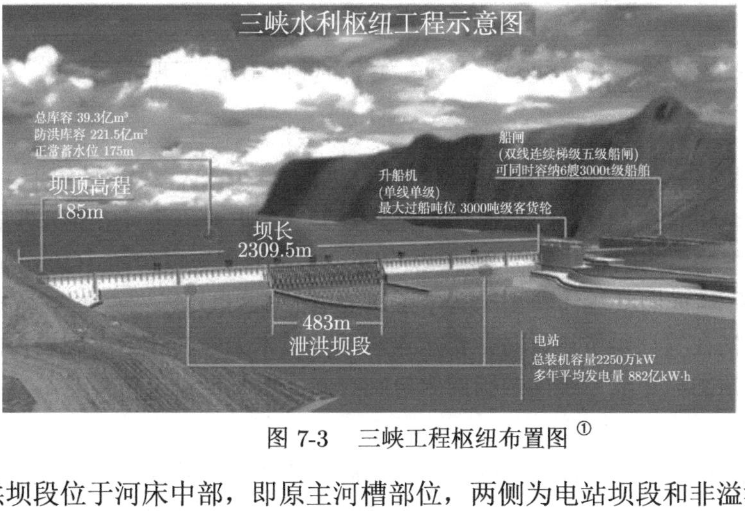

扫一扫
看彩图

图 7-3　三峡工程枢纽布置图 ①

泄洪坝段位于河床中部，即原主河槽部位，两侧为电站坝段和非溢流坝段。水电站厂房位于两侧电站坝段后，另在右岸留有后期扩机的地下厂房位置。永久通航建筑物均布置

① 图片改编自：https://www.gov.cn/jrzg/2006-05/19/content_285709.htm，最后访问于 2025 年 4 月 1 日。

于左岸。

1. 大坝

关于大坝的坝高，在筹划中曾有低坝、中坝、高坝三种方案。20 世纪 50 年代，在苏联专家的影响下，各方多支持高坝方案。到了 20 世纪 80 年代初，“短、平、快”的思路占了主流，因而低坝方案非常受欢迎。但是，出于为重庆改善航运条件的考虑，各方最终同意建设中坝。

三峡大坝为混凝土重力坝，坝长 2335m，底部宽 115m，顶部宽 40m，坝顶高程为海拔 185m，最大浇筑坝高 181m，正常蓄水位海拔 175m。大坝下游的水位约海拔 66m，坝下通航最低水位海拔 62m，通航船闸上下游设计最大落差为 113m。

2. 通航建筑物

大坝的永久船闸为双线五级船闸，建于坛子岭背对长江的一侧，设计年通过能力为 5000 万 t。通航建筑物包括永久船闸和升船机，均位于左岸山体内。永久船闸为双线五级连续梯级船闸。单级闸室有效尺寸为 $280\text{m}\times 34\text{m}\times 5\text{m}$(长 × 宽 × 坎上最小水深)，可通过万吨级船队。升船机为单线一级垂直提升式，承船厢有效尺寸为 $120\text{m}\times 18\text{m}\times 3.5\text{m}$，一次可通过一条 3000t 的客货轮。承船厢运行时总质量为 15500t，采用全平衡钢丝绳卷扬方式提升。图 7-4 展示了大坝的永久船闸及升船机。

扫一扫
看彩图

图 7-4　通航建筑物效果图 (左图为永久船闸，右图为升船机)

3. 水电站

三峡水电站的机组布置在大坝的后侧，共安装 32 台 70 万 kW 水轮发电机组，其中左岸 14 台，右岸 12 台，地下 6 台，另外还有 2 台 5 万 kW 的电源机组，总装机容量为 2250 万 kW。机组设备主要由德国福伊特公司 (VOITH)、美国通用电气公司 (GE)、德国西门子公司 (SIEMENS) 组成的联营体和法国阿尔斯通公司 (ALSTOM)、瑞士 ABB 公司组成的联营体提供。它们在签订供货协议时，都承诺将相关技术无偿转让给中国国内的电机制造企业。三峡水电站的输变电系统由中国国家电网有限公司负责建设和管理。

4. 三峡移民

移民是三峡工程最大的难点。当三峡蓄水完成后，涉及移民超过 120 万人，安置地遍及全国 10 余个省 (直辖市)，为世界之最。由于三峡移民的巨大规模，政府认为有必要成立新的行政区域进行统一管理。1997 年 3 月 14 日，在第八届全国人民代表大会第五次会议上，审议通过了将四川省重庆市、万县市、涪陵市、黔江地区合并设立重庆直辖市的议案；同年 6 月 18 日，重庆直辖市政府机构正式重新挂牌。

三、小水电

小水电是指装机容量很小的水电站或水力发电装置。世界各国对小水电没有统一的定义和容量范围的划分界限，大多数国家将小水电的发电装机容量上限设定为在 10~50MW。在中国，小水电一般是指由地方、集体或个人集资兴办与经营管理的，装机容量 50MW 及以下的水电站和配套地方供电电网。

小水电的主要特点有：

(1) 分散——即单站容量不大，但其资源分布广且可再生；

(2) 生态友好——由于对自然河道的干预较小，通常对生态环境负影响很小；

(3) 当地化——当地群众能够参与建设，并能使用当地材料以减少运输成本；

(4) 标准化——较易于实现设计标准化和机电设备标准化，以降低造价、缩短工期。

小水电适合利用分布在广大农村及偏远地区的水能资源进行发电，可以在解决缺电问题的同时，带来投资收益，发展当地经济，有着很大的发展前景。IEA 估计，全球水力发电中大约有 5%来自小水电。

四、抽水蓄能电站

抽水蓄能电站是指利用电网中负荷低谷时的电力，由下水库抽水到上水库蓄能，待电网高峰负荷时，放水回到下水库发电的水电站。作为目前经济、清洁的大规模储能方式，抽水蓄能电站启停灵活、反应迅速，具有调峰填谷、调频、调相、紧急事故备用和黑启动等多种功能。截至 2020 年底，我国抽水蓄能在运装机为 3179 万 kW、在建装机为 5063 万 kW，是全球抽水蓄能在运、在建规模最大的国家。①

抽水蓄能电站前期建设周期长，一个项目从预可行研究到建成投产，正常情况下需要 8~10 年时间。国家电网有限公司 2017 年底开工的 6 座抽水蓄能电站的总装机容量为 840 万 kW，总投资 524 亿元，平均每千瓦投资 6200 余元。6 座电站计划全部于 2026 年竣工投产。2017 年全面投产的江苏溧阳抽水蓄能电站于 2008 年 12 月开工，总投资 89 亿元、总装机容量为 150 万 kW，每千瓦投资近 6000 元。

扩展阅读 抽水蓄能电站的“世界之最”

(1) 最早的抽水蓄能电站：1882 年诞生于瑞士苏黎世的奈特拉抽水蓄能电站，装机容量为 515kW，利用落差为 153m。

(2) 最大的抽水蓄能电站：我国河北丰宁抽水蓄能电站，总装机规模为 360 万 kW，年设计发电量为 66.12 亿 kW·h，年抽水电量为 87.16 亿 kW·h。

(3) 最早采用可逆式机组的抽水蓄能电站：西班牙于 1929 年建成的乌尔迪赛电站。

(4) 水头最高的抽水蓄能电站：日本葛野川抽水蓄能电站，该抽水蓄能电站是日本东京电力公司的第 8 座抽水蓄能电站，电站总装机容量为 160 万 kW，装有 4 台 40 万 kW 的水泵水轮发电机组，额定水头为 714m。

---

① 数据来源：国家能源局。

关键术语

水能
水电站
电力调度
发电装机容量
容量因子
发电利用小时数
堤坝
三峡工程
小水电
抽水蓄能电站

第八章 核　能

本章提要

- 核能又叫原子能，是通过核反应从原子核释放的能量。
- 核能主要是通过两种核反应之一释放：较重原子核分裂释放结合能的核裂变；较轻原子核聚合在一起释放结合能的核聚变。
- 在能源利用层面，目前重核裂变已达到实用阶段，而轻核聚变还处于研究试验阶段。
- 核反应堆是能维持可控链式核裂变反应以实现核能利用的装置。
- 核反应堆常按照用途、核燃料、冷却剂、中子能量、慢化剂和轻水物态等进行分类。
- 目前核电站中最广泛采用的反应堆类型是轻水压水堆。
- 核裂变发电通常采用铀-235 和钚-239 作为核燃料。
- 由于核燃料的放射性问题，核废料的处理是核能利用中非常重要的一个环节。
- 世界历史上发生过两次最高级 (七级) 的核事故，分别是 1986 年的苏联切尔诺贝利核事故和 2011 年的日本福岛核事故。

第一节　核能基本知识

一、核能的来源

核能又叫原子能，是通过核反应从原子核释放的能量。

原子核由核子 (质子和中子) 组成，它们由一种非常强大的短程作用力——核力吸引在一起。如果想将原子核分解成独立的核子，需要获得能量来克服核力的束缚，反之，当独立的核子组合成原子核时会释放出能量，这些能量称为结合能。在核子组合成原子核过程中总质量会减少，结合能可以用爱因斯坦提出的质能方程计算：

$$\Delta E = \Delta mc^2$$

其中, ΔE 表示结合能 (J)；Δm 表示质量亏损 (kg)；c 表示光速 (m/s)。

不同质量原子核的比结合能 (某个原子核的结合能与组成该原子核的核子数的比值) 是有差异的，因此在原子核的重组变换中，伴随着能量的吸收或释放，这就是核能的来源。

二、核反应原理

实验发现，当核反应使得原子核质量数向 60 这个方向变换时，结合能增大，也就是说，在这样的变换中伴随着能量的释放。因此获取核能的方式有两种途径：一是目前已达到实用阶段的重核裂变方法，这就是核裂变反应堆的原理；二是目前还处于研究试验阶段的轻核聚变方法，这就是核聚变反应堆的原理。

(一) 核裂变原理

图 8-1 展示了典型的铀-235 裂变反应过程。

当中子 (通常情况下是能量较低的热中子) 轰击铀-235 后，会形成处于激发态的铀-236，大部分 (约 82%) 的铀-236 会快速分裂形成较轻的原子核及自由中子 (例如，一次分裂获得一个钡-141 原子核、一个氪-92 原子核以及三个自由中子)，其中分裂形成的新原子核通常会自发衰变。平均一个中子轰击一个铀-235 原子核可以释放 203MeV(1eV 指一个电子的带电量，约为 1.6×10^{-19}J) 的能量，其中 169MeV 以新原子核的动能形式呈现，5MeV 以自由中子的动能呈现，7MeV 以伽马射线形式释放，其余能量在新原子核的衰变过程中释放。由于衰变过程持续发生，因此基于核裂变技术的核电站即使在停止裂变反应后，仍然会在一段时间内持续释放能量。

核裂变反应过程中生成的自由中子有一部分会被反应原料中的杂质 (例如铀-238) 或者其他设备 (例如合金控制棒) 吸收，而没有被吸收的中子则可以用于进一步轰击裂变材料形成裂变反应。如果剩余的中子足够多，使得核裂变反应能够持续重复进行，则这一过程称为链式反应。

(二) 核聚变原理

当两个较轻的原子核非常靠近且都具有极高的能量时，它们有可能融合在一起发生核聚变反应并释放能量。对人类而言最重要的核聚变反应是在太阳内部巨大的压力和极高的温度下由氢融合为氦的质子–质子链反应，而在当前技术水平下，人类最有可能实现的核聚变反应是由氢的同位素氘和氚聚合为氦并产生自由中子的反应 (图 8-2)。

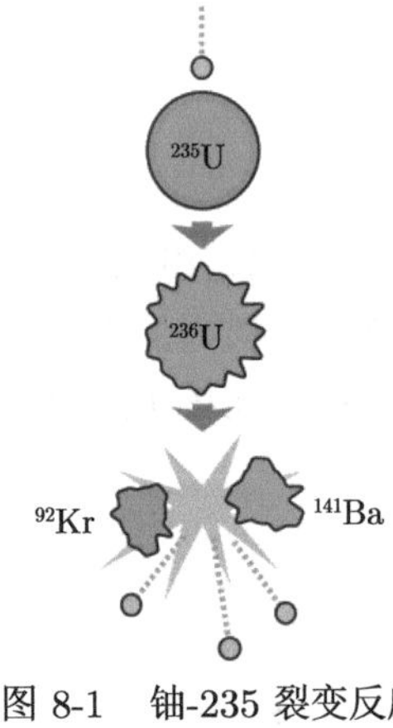

图 8-1 铀-235 裂变反应

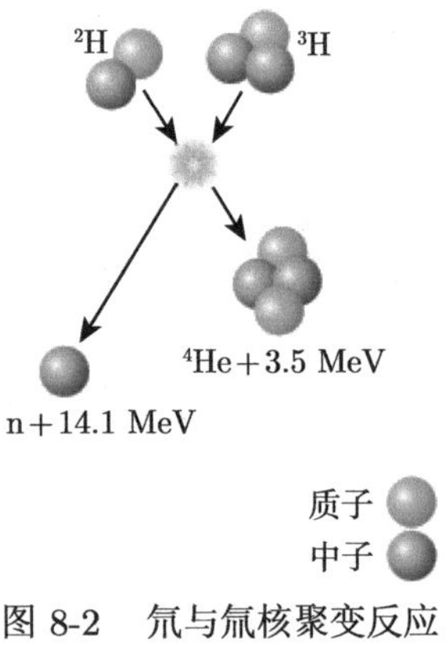

图 8-2 氘与氚核聚变反应

第二节 核能利用技术

一、核裂变利用

(一) 核燃料

1. 核燃料资源

在核反应中参与裂变或聚变的材料称为核燃料。当前商用核电站中使用的核裂变燃料主要是铀-235 及钚-239。

铀-235 是铀在自然界中存在的一种同位素，而铀则广泛存在于地壳和海水中，海水中铀的浓度为 $3\times10^{-7}\%$，地壳丰度为 $2.3\times10^{-4}\%$。虽然铀资源非常丰富且分布广泛，但其开采成本在不同地区差异非常大，因此对铀资源的储量估计通常按照不同的生产成本进行估计 (表 8-1)。

与铀-235 不同，自然界中几乎不存在钚-239，但是我们可以通过人工核反应来生产钚-239。例如，当一个铀-238 原子核捕获一个中子后，会经历一系列的衰变最后变成钚-239。

表 8-1　2021 年 1 月全球铀资源储量

成本/(美元/kg)	储量/t
<260	7917500
<130	6078500
<80	1990800
<40	775900

2. 核燃料浓缩

当一个中子轰击一个铀-235 原子核发生核裂变后，平均会产生 2.5 个自由中子，为了使得链式反应能够维持，则最少需要有 40%的自由中子继续参与核裂变反应，这通常需要有足够高浓度的铀-235 才能实现。一般情况下核电站使用的核燃料中铀-235 的浓度为 3%～5%。自然界中的铀以铀-238、铀-235 和铀-234 三种同位素的形式存在，其中铀-238 占比超过 99.27%，而作为核燃料的铀-235 大约占 0.72%，因此为了使得链式反应能够维持，我们需要提高铀-235 在同位素中的浓度比例。

使铀-235 在同位素中浓度比例提高的过程称为铀浓缩过程，当前技术水平下可以使用的铀浓缩技术包括电磁分离法、气体扩散法和气体离心法等。

1) 电磁分离法

电磁分离法又称劳伦斯法，其原理是利用磁场对电荷带电粒子运动轨迹的影响，将不同质量的同位素分离出来。具体实现过程中，首先将浓缩铀气体转化成离子形式，然后将离子注入一个电磁场中。带有不同同位素的离子虽然带电量相同，但质量不同，它们在电磁场中的运动轨迹也不同，因此就可以通过调整电磁场的参数，使得不同质量的同位素被分离出来 (图 8-3)。

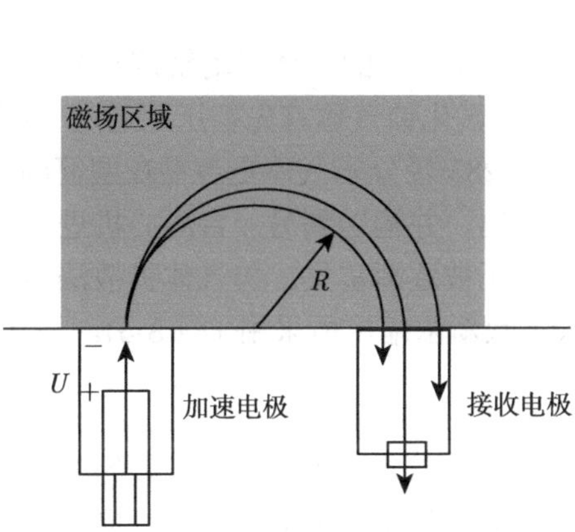

图 8-3　同位素分离法示意图

2) 气体扩散法

气体扩散法是利用混合气体中分子平均动能相同这一原理来实现核燃料浓缩。对核燃料进行加工时，先把铀转化为沸点较低的六氟化铀，然后将六氟化铀气体输入带扩散膜的气体扩散器中，由于含铀-235 的气体分子比含铀-238 的气体分子质量轻，具有更快的运动速度，所以能够更快地通过扩散膜，从而达到分离的效果。虽然由于速度差较小，每一次通过扩散膜获得的浓缩效果有限，但人们可以通过设置多级扩散膜来实现较高浓度的浓缩 (图 8-4)。

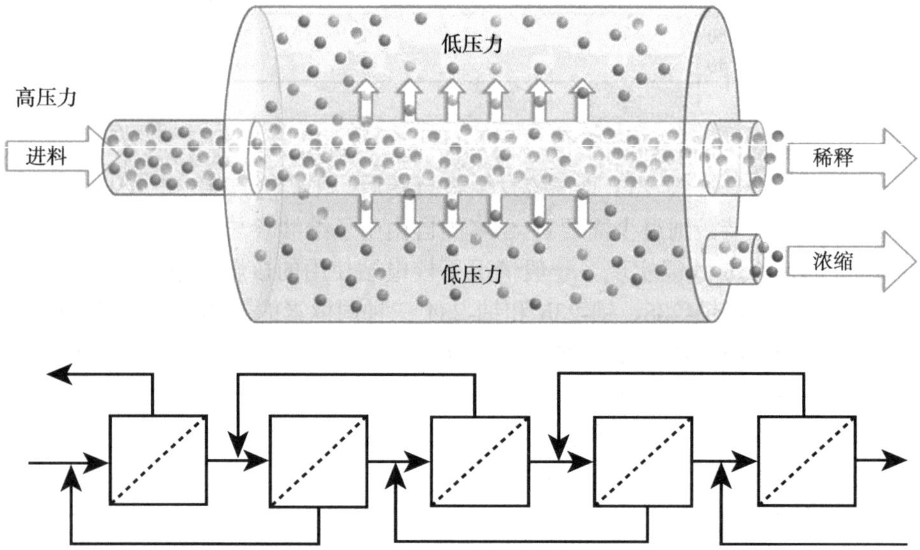

图 8-4 气体扩散法示意图

3) 气体离心法

气体离心法是通过在离心力作用下的气体运动轨迹与分子质量相关的原理来分离混合气体的方法。在浓缩过程中，六氟化铀气体首先被压缩通过一系列高速旋转的圆筒离心机。铀-238 同位素重分子气体比铀-235 轻分子气体更容易在圆筒的近壁处得到富集。在近轴处富集的铀-235 轻分子气体被导出，并输送到另一台离心机进一步分离。随着气体穿过一系列离心机，其铀-235 同位素分子被逐渐富集。与气体扩散法相比，气体离心法所需的电能要小很多，因此该法已被大多数新浓缩厂所采用 (图 8-5)。

3. 核燃料生命周期

典型核燃料的生命周期过程如图 8-6 所示。与一般的矿物燃料相比，核燃料有两个突出的特点，其一是生产过程复杂，要经过采矿、加工、提炼、转化、浓缩、燃料元件制造等多道工序才能制成可供反应堆使用的核燃料；其二是核燃料使用结束后 (此时被称为乏燃料) 还要进行复杂的后处理以避免放射性泄漏。

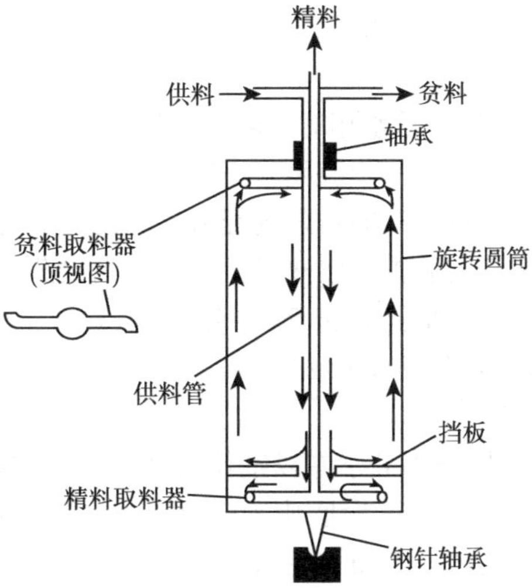

图 8-5　气体离心法示意图

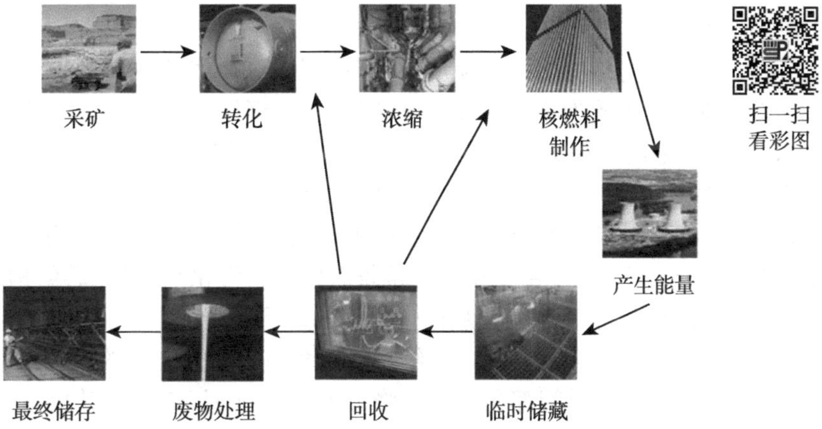

图 8-6　典型核燃料的生命周期示意图

(二) 核反应堆

核反应堆是能维持可控自持链式核反应以实现核能利用的装置。严格来说，反应堆这一术语应覆盖裂变堆、聚变堆、裂变聚变混合堆，但一般情况下仅指裂变堆。核反应堆通过合理布置核燃料，使得在无须补加中子源的条件下能在其中发生自持链式核裂变过程。对核反应堆常根据以下几个性质进行分类。

(1) **按用途分**：动力堆、生产堆 (增殖堆) 和其他堆。

(2) **按核燃料分**：浓缩铀堆、天然铀堆、钚堆、钍堆和混合氧化物燃料 (mixed oxide fuel，MOX) 堆。

(3) **按冷却剂分**：水冷堆、气冷堆和液态金属冷却堆。

(4) **按中子能量分**：热 (慢) 中子堆、快中子增殖堆。

(5) **按慢化剂分**：轻水堆、重水堆、石墨堆。

(6) **按轻水物态分：**压水堆、沸水堆。

1. 轻水堆

轻水堆是一种普通水 (通常与重水相对) 既作慢化剂又作冷却剂的核裂变反应堆型，常见又分为轻水压水堆和轻水沸水堆。一般而言，轻水压水堆使用两个水回路将把核裂变热量带出的冷却水与推动蒸汽轮机转动的水隔离开来，因此其放射性物质泄漏风险较小；轻水沸水堆将冷却水导入裂变反应装置获取热量并蒸发为高温蒸汽，然后使用这些高温蒸汽来推动蒸汽轮机，其热效率相对更高。在 2023 年 4 月 16 日全球运行的 420 个核反应堆中，有 313 个轻水压水堆，47 个轻水沸水堆。

2. 重水堆

重水堆是以重水 (D_2O，即在水分子中以氘替换氢) 作为冷却剂和慢化剂的核裂变反应堆型。由于重水对中子的慢化性能好，吸收中子的概率小，因此重水堆可以采用天然铀作燃料。这对天然铀资源丰富，又缺乏浓缩铀能力的国家而言是一种非常有吸引力的堆型。重水堆中最有代表性的是加拿大坎杜堆。在 2023 年 4 月 16 日全球运行的 420 个核反应堆中，共有 47 个重水堆，包括加拿大 19 个和印度 18 个，此外在巴基斯坦、阿根廷、韩国、罗马尼亚和中国也都有重水堆，其中在中国的秦山第三、第四核电厂就属于重水堆。

3. 快中子增殖堆

人们发现铀-238 在参与裂变时，会少量吸收高速中子变为激发态铀-239，大约 82%的激发态铀-239 会快速衰变为较为稳定的钚-239，钚-239 亦可作为与铀-235 相似的裂变原料。基于此特性，以较为普遍的浓缩铀-238 为原料，通过快中子使原料中铀-238 转化为钚-239，可以使核燃料实现增殖。快中子堆 (又称快中子增殖堆) 不用慢化剂，一般用液态金属钠作冷却剂，裂变主要依靠能量较大的快中子。快中子堆的主要优点是所能利用的铀资源中的潜在能量要比热中子堆大几十倍。由于快中子堆堆芯中没有慢化剂，故堆芯结构紧凑、体积小，功率密度比一般轻水堆高 4~8 倍，从而传热问题显得特别突出。钠冷快中子反应堆很容易遇到由冷却剂泄漏引起火灾的事件，且维护一个含有大量液态钠的反应堆极困难，因此建好的钠冷快中子堆大部分时间都在停机维修。2023 年 4 月 19 日全球仅有 3 个快中子堆在运行。

(三) 核电站

核电站和火电站的主要区别是热源不同：火电站靠烧煤、石油或天然气来取得热能，而核电站是通过核燃料的链式裂变产生热能。

核电站通常是由核岛和常规岛两个主要部分组成。核岛是核反应堆和与其直接相关的所有设施的集合，包括核燃料、反应控制系统和反应堆冷却系统等。常规岛是指核电站中不包括反应堆及其直接设施的部分，例如蒸汽轮机、电气系统等。在核电站的设计中，核岛和常规岛被分开，以便更好地控制核反应堆并确保其安全。

核电站的运行与火电站运行的差别主要在于反应堆换料和核废料处理。通常核燃料以燃料棒的形式进入反应堆，并可以持续工作一到两年，因此核电站不需要像火电站那样连续输入燃料。此外，在核电站中一般按照一定的规律分批次更换燃料，通常情况下不会将所有燃料元件一次性全部更换。

根据放射性差别可以将核废料分为高放射性核废料、中放射性核废料和低放射性核废料三种。绝大部分废料 (总体积的 90%) 属于低放射性核废料，主要包括受轻度放射性污染的物品，如工具和工作服等，这些核废料仅包含总放射性的 1‰。相比之下，高放射性废料主要包括核反应堆中使用过的核燃料 (即乏燃料)，虽仅占废料总体积的 3%，但包含总放射性的 95‰。

目前处理放射性废物的基本原则就是通过一系列的物理、化学方法将放射性核素保持在一种安全稳定的状态，与地球生物圈严格隔离，再经过时间的推移，待其衰变至人类可以接受的水平。当前，大多数国家都采取临时掩埋的措施来处理核废料，也有部分国家对乏燃料进行回收重复利用。

二、核聚变利用

与核裂变相比，核聚变反应的主要优势包括无长半衰期放射性废物产生，以及核扩散风险较低。

氢、氘、氚、锂等轻原子核比较容易实现核聚变，其中从技术角度看最容易的是氘和氚聚合成氦的反应：

$$^{2}_{1}H + ^{3}_{1}H \longrightarrow ^{4}_{2}He + ^{1}_{0}n$$

作为核燃料之一的氘，地球上的储量特别丰富，每升海水中即含氘 0.034 g，地球上有 15×10^{14}t 海水，故海水中的氘含量即达 450 亿 t，因此几乎是取之不尽的。

自然界中的氚，源于宇宙射线所带的高能量中子轰击氘核结合为氚核，但其含量极少。因此核聚变反应所需的氚一般从核反应制得，例如，可以利用中子轰击锂-6 生产氚。

扩展阅读 可控核聚变

核聚变是一种需要高温来启动和维持的反应。在核聚变反应中，轻元素的原子核需要克服它们之间的静电斥力，才能靠近到足够接近的距离，使得核力可以克服静电斥力并将它们聚合在一起。这个过程需要高能量来克服静电斥力，因此需要高温来提供足够的热能。对于氘–氚反应，所需要的温度约为 4400 万 ℃。

在这种极高的温度下，参加反应的原子 (氘原子、氚原子等) 的核外电子都被剥离，成为裸露的原子核，这种由完全带正电的原子核 (离子) 和带负电的电子构成的高度电离的气体称为等离子体 (有时人们将等离子状态称为固态、液态、气态以外的第四种物质状态)。

核聚变反应的等离子体温度极高，任何材料制成的器壁都承受不了如此高温，因此必须对等离子体进行约束使它与周围环境隔离开来。目前人们主要关注两种约束途径：磁约束和惯性约束。

(1) 磁约束：由于高温等离子体由高速运动的荷电粒子 (离子、电子) 组成，如果利用设计的磁场来约束高温等离子体，使带电粒子只能沿着一个封闭的轨道运动，则这样磁场的作用就相当于一个容器了。这就是磁约束系统的思想。磁约束有各种不同的形式，其中被称为托卡马克 (Tokamak) 的环形真空磁线圈系统是目前性能最好的磁约束装置。

(2) 惯性约束：其基本设想是在原子核飞行的极短时间内完成聚变反应，就无须采取什么措施来约束等离子体，这样等离子体将被自身惯性约束。惯性约束的关键是在极短的时间内能完成核聚变反应，为此需将燃料制成微型丸。目前正在研究的方法是，用几路或十几路短脉冲强激光从不同方向集中轰击氘氚微丸，使微丸加热到聚变点火温度并同时产生向心爆炸。这个向心爆炸的巨大压力将使燃料大大压缩，这种激光引爆方法将获得净能量输出。2022 年 12 月，科研人员在美国劳伦斯–利弗莫尔国家实验室采用惯性约束系统实现了历史上首次净能量收益的可控核聚变实验。

第三节 核能利用现状

一、全球核能发展

核能的发电应用始于 20 世纪 50 年代。世界上第一个接入电网的核电站是 1954 年由苏联建造的奥布宁斯克核电站，此后英国和美国的第一个商用核电站分别于 1956 年和 1957 年建成。此后的三十年，核能成为全球发展最快的能源类型 (图 8-7)。然而 1986 年发生在苏联的切尔诺贝利核电站事故和 2011 年发生在日本的福岛核事故对全球核能发展先后造成了非常大的冲击。2023 年全球核能发电量为 2738TW·h，是第四大电力来源。

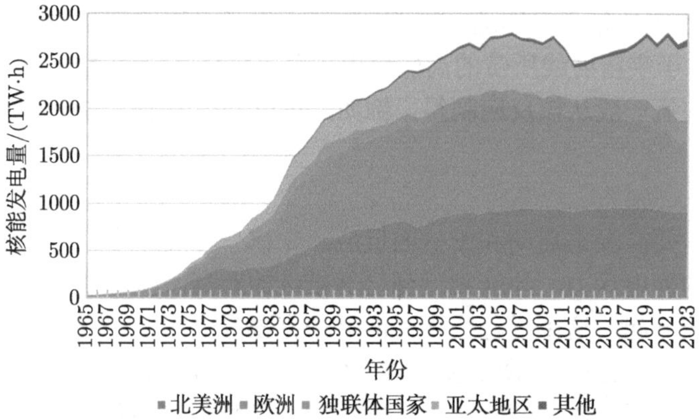

扫一扫
看彩图

图 8-7 1965~2023 年全球核能发电量 ①

根据国际原子能机构 (IAEA) 统计，2023 年 4 月 19 日全世界共有 420 个核电站反应堆在运行，总装机容量为 375GW。当前在运行核电站主要集中在欧洲、东亚和北美洲，而在建核电站则主要位于亚洲 (表 8-2)。

表 8-2 2023 年 4 月 19 日全球各国在运行、暂停运行及在建核反应堆及装机容量

	在运行		暂停运行		在建	
	反应堆数量	装机容量/MW	反应堆数量	装机容量/MW	反应堆数量	装机容量/MW
阿根廷	3	1641			1	25
亚美尼亚	1	416				

① 数据来源：Energy Institute, 2024. Statistical Review of World Energy 2024。链接https://www.energyinst.org/statistical-review/home，最后访问于 2025 年 3 月 27 日。

续表

	在运行		暂停运行		在建	
	反应堆数量	装机容量/MW	反应堆数量	装机容量/MW	反应堆数量	装机容量/MW
孟加拉国					2	2160
白俄罗斯	1	1110			1	1110
比利时	5	3928			1	1340
巴西	2	1884				
保加利亚	2	2006				
加拿大	19	13624				
中国	58	55044			19	19805
捷克	6	3934				
埃及					2	2388
芬兰	5	4394				
法国	56	61370			1	1630
匈牙利	4	1916				
印度	22	6795	1	90	8	6028
伊朗	1	915			1	974
日本	17	16321	16	15358	2	2653
韩国	25	24489			3	4020
墨西哥	2	1552				
荷兰	1	482				
巴基斯坦	6	3262				
罗马尼亚	2	1300				
俄罗斯	37	27727			4	3809
斯洛伐克	5	2308			1	440
斯洛文尼亚	1	688				
南非	2	1854				
西班牙	7	7123				
瑞典	6	6935				
瑞士	4	2973				
土耳其					4	4456
乌克兰	15	13107			2	2070
阿联酋	3	4011			1	1310
英国	9	5883			2	3260
美国	93	95835			1	1117
总计	420	374827	17	15448	56	58595

从反应堆结构看，无论是当前可运行还是在建反应堆，其堆型中轻水压水堆都占主导地位 (表 8-3)。

表 8-3 2023 年 4 月 19 日全球按堆形在运行、暂停运行及在建核反应堆及装机容量

	在运行		暂停运行		在建	
	反应堆数量	装机容量/MW	反应堆数量	装机容量/MW	反应堆数量	装机容量/MW
轻水沸水–石墨慢化堆	48	48646	12	12284	2	2653
快中子增殖堆	3	1400			3	1412
气冷–石墨慢化堆	8	4685				
高温气冷堆	1	200				
轻水冷却–石墨慢化堆	11	7433				
重水压水堆	47	24298	1	90	3	1890
轻水压水堆	302	288165	4	3074	48	52640
总计	420	374827	17	15448	56	58595

二、核能安全问题

核能发电在现代能源结构中起着重要的作用，但核电站一旦发生重大事故，核污染将造成严重影响：不仅会造成直接可用国土损失，还会造成长期的政治、经济、社会问题。因此核电站的安全性是核能发展中十分重要的议题。

(一) 核电站事故

在核电迅猛发展的今天，公众最关心的是核电的安全问题。公众通常关心的第一个问题是：核电站的反应堆发生事故时会不会像核武器一样爆炸？答案是否定的。

首先我们要了解，核弹是由高浓度的裂变物质 (例如浓度超过 90%的铀-235) 和复杂精密的引爆系统组成的，当引爆装置点火起爆后，弹内的裂变物质被爆炸力迅猛地压紧到一起，大大超过了临界体积，巨大核能在瞬间释放出来，于是产生破坏力极强的、毁灭性的核爆炸。而核电反应堆的结构和特性与核弹完全不同，既没有高浓度的裂变物质 (核电站通常采用浓度为 3%～5%的低浓缩铀-235 作为核燃料)，又没有引爆系统，不具备核爆炸所必需的条件，因此不会产生像核弹那样的核爆炸。

扩展阅读 不同浓度的核燃料

按照铀-235 的浓度，人们通常将其分为天然铀、低浓缩铀、高浓缩铀三类。天然铀中铀-235 的浓度约为 0.72%，低浓缩铀的铀-235 浓度通常不超过 20%，当铀-235 浓度超过 20%后则称为高浓缩铀。

一般天然铀除了作为浓缩原材料外，只能在极少数的核反应堆 (例如加拿大的坎杜堆) 中使用。低浓缩铀主要作为核电站和研究堆的核燃料，一般核电站使用 3%～5%浓度的铀-235 作为核燃料，而浓度稍高的核燃料通常被用于研究堆。高浓缩铀主要用于军事用途，例如核动力潜艇的燃料或者核武器 (其中铀-235 浓度高于 90%的高浓缩铀主要用于制造核武器，因此又称为武器级高浓缩铀)。

虽然核电站由于使用的燃料浓度以及核反应条件等差异，不会发生像核武器一样的爆炸事故，但是在人类的核能使用历史上仍然发生过由设计缺陷、操作失误或者自然灾害所导致的核电站事故，这些事故促使人们不断提高对核电站的安全审查和监管。

扩展阅读 核事故分级与重大核事故

国际上通常根据国际原子能机构 (IAEA) 和经济合作与发展组织核能机构 (OECD/NEA) 提出的国际核事故分级标准 (INES) 对民用核事故进行分级。INES 考虑核事故的影响程度将其分为七级，其中级别越高说明事故的影响程度越高。迄今为止，全球一共发生过两次七级核事故，分别是 1986 年发生在苏联的切尔诺贝利核事故和 2011 年发生在日本的福岛核事故。

切尔诺贝利核电站位于现乌克兰境内的普里皮亚季市 (Prypyat)，共有 4 个核反应堆。1986 年 4 月 26 日，工作人员对 4 号反应堆进行安全测试时因操作错误导致了蒸汽爆炸和堆芯熔毁，爆炸引发的大火使得放射性尘埃随大气流动而在苏联和欧洲的其他部分地表沉降。这次事故所释放出的总辐射剂量是第二次世界大战时期广岛原子弹爆炸的 400 倍以上，超过 336000 名居民被迫撤离。这次事故引起了全世界对于核能安全的顾虑，并减缓了一系列的核电工程进度。

福岛核电站位于日本本州岛东海岸的福岛县，共有 6 个核反应堆。2011 年 3 月 11 日，日本东北部太平洋近海发生强烈地震，地震发生时福岛核电站 4~6 号反应堆停机处于定期安全检查状态，正在运行的 1~3 号反应堆实现了自动停堆，由于核燃料在停堆后仍在产生巨大的衰变热，所以需要继续注入冷却水带走这些热量。但地震产生的巨大海啸导致设置在核电站地下室的应急柴油发电机淹没在水中而停止运行，不能继续向堆芯和乏燃料池注入冷却水。热量的积聚导致堆芯熔毁，并向反应堆、汽轮机厂房内释放了大量氢气，最终导致 1、3、4 号机发生了氢气爆炸，厂房和周围的设施被严重损坏。事故导致的放射性泄漏大约是切尔诺贝利核事故的六分之一，造成约十万居民撤离。福岛核电站事故对全球核能发展带来了重大的短期冲击，各国纷纷加强对于核能的安全审查和监管，一些国家甚至直接宣布停止或减少核能使用的目标。

(二) 核电站辐射

除了潜在的核事故外，正常运行核电站的辐射问题也是公众最常担心的事情之一。虽然核反应过程中确实会产生对生物有害的核辐射 (属于电离辐射的一种)，但由于核电站在防止辐射泄漏方面进行了多层保护，所以核电站正常运营所造成的少剂量的电离辐射对人体产生的影响是极其有限的。

事实上，我们生活在大自然与现代文明之中，日常接触到的大多数东西都在持续释放着电离辐射；相应地，我们每时每刻都在不知不觉地受到各种来源于天然放射性的本底辐射和人工放射性辐射的影响。

扩展阅读 核辐射的度量

人们用放射性活度单位贝可勒尔 (Becquerel，Bq) 来描述单位时间内放射性物质衰变的速率，即每秒钟发生的衰变数，一个贝可勒尔表示每秒钟有一个放射性核素衰变。表 8-4 列出部分常见自然或人工物品的放射性。

表 8-4 一些自然或人工物品的放射性

物质/放射性源	放射性
香蕉 (1 根)	15Bq
巴西坚果 (1kg)	400Bq
咖啡 (1kg)	1000Bq
花岗岩 (1kg)	1000Bq
煤灰 (1kg)	2000Bq
成年人 (70kg)	4550Bq
超级磷肥 (1kg)	5000Bq
澳大利亚铀矿石 (0.3%，1kg)	500000Bq
低水平放射性废物 (1kg)	1000000Bq
加拿大铀矿石 (15%，1kg)	25000000Bq
放置 50 年的玻璃化高放射性废物 (1kg)	10000000000Bq

衡量人体吸收辐射的剂量的单位则是希沃特 (Sievert，Sv)，它考虑到辐射对人体的伤害程度，包括辐射的类型和不同组织对辐射的敏感程度。表 8-5 列出了特定事件导致的人体吸收辐射剂量，地球上普通人平均每年受到的来自环境的辐射平均值为 2.4 毫希沃特 (mSv)。

表 8-5　特定事件对应的人体吸收辐射剂量

辐射剂量/mSv	影响和标准
0.001	一次骨密度或手足 X 射线检查
0.2	乘飞机从东京到纽约之间往返一次的剂量
1.2	与 1 天平均吸 1.5 盒 (30 支) 的吸烟者同居的被动吸烟者一年累计辐射
2.4	地球人平均一年累计所受辐射 (宇宙射线 0.4mSv，大地 0.5mSv，氡 1.2mSv，食物 0.3mSv)
2.5～4	一次胃部 X 射线钡餐透视的剂量
6.9	1 次胸部 CT 检查
10～20	全身 CT 检查
13～60	1 天平均吸 1.5 盒 (30 支) 的吸烟者一年累计
100	已证明对人体健康明显有害的每年辐射剂量下限
250	福岛第一核电站事故现场人员暂定辐射剂量上限；此时人体白细胞减少
1000	出现恶心、呕吐等被辐射症状
2000	细胞组织遭破坏，内部出血，脱毛脱发，死亡率 5%
3000～5000	死亡率 50%
10001 以上	死亡率 99.9%

据估计，我国秦山核电站放射工作人员年人均辐射剂量约为 0.51mSv，大亚湾核电站放射工作人员年人均辐射剂量为 0.56mSv，均不足一个普通人接收到的天然辐射量 (2.4mSv) 的四分之一，而其他人受到的核电站辐射影响就更加小了。虽然核电站正常运行导致的放射性对人体健康造成的影响并不严重，但是核电站一旦发生安全事故，仍然可能造成严重核辐射泄漏，从而对环境生态甚至是人的生命健康造成影响，因此，在核电站设计中的安全监审和核电站运行过程中的安全管理尤其重要。

关 键 术 语

核能/原子能

结合能

核裂变

核聚变

衰变

反应堆

压水堆

沸水堆

重水堆

轻水堆

核电站
核燃料
链式反应
可控核聚变
核燃料浓缩

第九章　其他非化石能源

本章提要

- ■ 太阳能是指来自太阳的热辐射能。
- ■ 太阳能利用主要包括太阳能热利用、太阳能光利用和太阳能生物利用。
- ■ 风能是空气运动产生的动能，是太阳能转换的一种形式。
- ■ 风能利用是将风能转化为电能、热能、其他机械能等各种形式的能量，用于供电、提水、助航、制冷和制热等。
- ■ 常见的风能利用方式包括独立运行方式，与其他发电方式相结合，以及并入常规电网运行。
- ■ 地热能是蕴藏于地球内部的热能。
- ■ 地热能的利用具有清洁稳定、投入较少的优点，是稳定的能量供给来源。
- ■ 生物能是太阳能以化学能形式储存在生物中的一种能量形式，它直接或间接地来源于植物的光合作用。
- ■ 生物质能的来源包括柴薪、牲畜粪便、制糖作物、水生植物、城市垃圾等，其利用技术大体上分为直接燃烧技术、热化学转化技术和生物化学转化技术三大类。

第一节　太　阳　能

一、太阳能基本概念

(一) 太阳的构造

太阳能是指来自太阳的热辐射能，它属于可再生、清洁的一次能源。除了直接从太阳辐射获取能量外，地球上的很多能源事实上都来源于太阳。例如，地球上的风能、水能、海洋温差能、波浪能和生物质能以及部分潮汐能都来源于太阳；地球上的化石燃料从根本上说也是远古以来通过光合作用以及地质作用储存下来的太阳能。

太阳是一个炽热的气态球体，它的直径约为 139 万 km，体积是地球的 130 万倍，质量约为 2.2×10^{19} 亿 t，为地球质量的 33 万倍，平均密度为地球的四分之一。其主要组成气体为氢 (约 80%) 和氦 (约 19%)。

太阳内部持续进行着氢聚合成氦的核聚变反应，源源不断地释放出巨大的能量，这些能量以辐射和对流的方式由太阳核心向表面传递热量，温度也从中心向表面逐渐降低。

太阳结构如图 9-1 所示，太阳内部有“里三层”，从中心向外依次为：日核 (温度约 1500 万 K，核聚变反应于此处发生)、辐射层 (能量通过这里传播出去) 和对流层 (能量经此向太阳表层传播)。太阳外部有“外三层”，由内到外依次为：光球层 (温度约 6000 K，太阳能绝大部分可见光由此向太空发射)、色球层和日冕层。

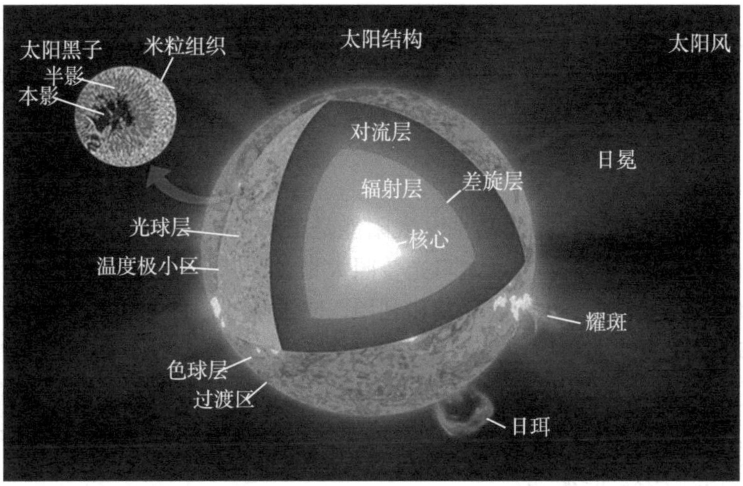

扫一扫
看彩图

图 9-1 太阳结构示意图①

扩展阅读 太阳核聚变为何可以发生？

日核的温度大约只有 1500 万 K，达不到一般核聚变的温度，那为什么这里还能发生氢聚合为氦的反应呢？事实上，在太阳等恒星里发生的核聚变的关键机制是量子隧穿效应 (quantum tunneling effect)。量子隧穿效应是指在粒子没有足够能量直接 (从经典物理角度看) 越过位势垒时，仍然有一定概率越过位势垒的现象。大多数恒星中心的温度与太阳接近，原子核的平均热动能大约为 1 keV。倘若要实现核聚变，原子核必须具有足够能量来克服库仑位势垒，使得原子核与原子核之间的距离小于 10nm，该能量大约为 1 MeV，足足约为原子核平均热动能的 1000 倍。因此，单独热动能并不能克服库仑位势垒来促成核聚变。尽管原子核的能量小于库仑位势垒的位势，但量子隧穿效应仍旧能够让原子核穿越库仑位势垒，从而促成核聚变。

(二) 太阳能资源

尽管太阳辐射到地球大气层的功率仅为其总辐射功率 (约为 3.75×10^{26} W) 的 22 亿分之一，但已高达 1.73×10^{17} W。换句话说，太阳每秒钟辐射到地球上的能量约为 750 万 t 优质煤炭燃烧所产生的能量。

练习题 太阳辐射常量估算

太阳可以被视为一个半径 70 万 km，表面温度 5700K 的黑体 (辐射率为 1)，太阳到地球的平均距离是 1.5 亿 km，试计算太阳垂直射向地球的辐射能功率是多少 W/m^2。

根据国际太阳能热利用区域分类，全世界太阳能辐射强度和日照时间最佳的区域包括北非，中东地区，美国西南部和墨西哥，南欧，澳大利亚，南非，南美洲东，西海岸和中国西部地区等。

① 图片来源：https://www.163.com/dy/article/IPG255U80511D5H2.html，最后访问于 2025 年 4 月 1 日。

我国幅员广大，有着十分丰富的太阳能资源，我国陆地表面每年接收的太阳能辐射达到 50EJ。然而，由于幅员辽阔，我国不同地区的太阳能资源丰富程度存在很大差别，各地太阳能年辐射总量介于 3350~8370MJ/m^2(1 MJ/m^2 约折合 0.0317 W/m^2)。

(三) 太阳能优缺点

太阳能利用的主要优点包括：①清洁性，太阳能是最清洁能源之一，利用太阳能的过程不会对环境造成直接污染；②普遍性，太阳光普照大地，没有地域的限制，无论陆地或海洋，无论高山或岛屿，处处皆有，可直接开发和利用，便于采集，且无须开采和运输；③丰富性，每年到达地球表面上的太阳辐射能约相当于 130 万亿 t 标准煤，是现今世界上可以开发的最大能源；④永久性，太阳能的“损失”主要源于氢聚合成氦在释放巨大能量时的质量损失，根据目前太阳产生核能的速率估算，其氢的储量足够维持 100 亿年，从这个意义上讲，太阳能可以说是“用之不竭”的。

太阳能利用的主要缺点则包括：①分散性，到达地球表面的太阳辐射的总量尽管很大，但是能流密度很低——虽然在北回归线附近，在夏季天气较为晴朗的情况下，正午时太阳辐射的辐照度①最高能够达到 1000W/m^2 左右，但从全球全年平均来看，地球表面接收到的太阳辐射功率只有 168W/m^2 左右，较低的能流密度导致太阳能的开发利用需要占用较大的面积；②不稳定性，由于受到昼夜、季节、地理纬度和海拔高度等自然条件的限制，以及晴、阴、云、雨等随机因素的影响，到达某一地面的太阳辐照度既是间断的，又是极不稳定的。

为了使太阳能成为连续、稳定的能源，从而最终成为能够与常规能源相竞争的替代能源，就必须解决好储能问题，即把晴朗白天的太阳能尽量储存起来，以供夜间或阴雨天使用。

二、太阳能利用技术

人类对太阳能的利用已有悠久历史。太阳能利用主要包括热利用、光利用和生物利用。太阳能热利用应用很广，如太阳能热水、供暖和制冷；太阳能干燥农副产品、药材和木材；太阳能海水淡化；太阳能热动力发电等。太阳能光利用主要是太阳能光伏发电和太阳能制氢。而太阳能的生物利用包括各种各样的生物质利用。

(一) 太阳能热利用

1. 太阳能集热

太阳能热利用的主要途径是通过集热器实现集热利用，集热器按采光方式可分为非聚光型和聚光型集热器两种。

非聚光型集热器能够利用太阳辐射中的直射辐射和散射辐射，集热温度较低；主要包括平板集热器和真空集热器两种类型。采用非聚光型集热器的太阳热水器于早期流行于美国的西南部地区，随着石油和电力价格的上升，更有效率的太阳能热水器和太阳能热暖器亦随之产生。1995 年，黄鸣在山东德州成立了德州皇明太阳能技术研究所，开始在媒体上大幅度宣传，太阳能热水器在我国开始大规模推广应用。

聚光型集热器通常由聚光器、吸收器和跟踪系统三部分组成，其工作原理是自然阳光经聚光器聚焦到吸收器上，并加热吸收器内流动的集热介质；跟踪系统则根据太阳的方位随时

① 辐照度：又称辐射照度，是受照面单位面积上的辐射通量，单位为瓦每平方米 (W/m^2)。

调节聚光器的位置，以保证聚光器的开口面与入射太阳辐射总是互相垂直的。聚光型集热器将阳光会聚在面积较小的吸热面上，可获得较高温度。

2. 太阳能采暖

太阳能采暖可以分为主动式和被动式两大类。主动式是利用太阳能集热器和相应的蓄热装置作为热源来代替常规热水 (或热风) 采暖系统中的锅炉，而被动式则是依靠建筑物结构本身 (例如，我国一些传统建筑采用朝南的门窗以及伸出的屋檐) 充分利用太阳能来达到采暖的目的，因此它又称为被动式太阳房。

3. 太阳海水淡化

地球上的水资源中，含盐的海水占了 97%，随着人口增加，大工业发展，使得城市用水日趋紧张。为了解决日益严重的缺水问题，海水淡化越来越受重视。世界上第一座太阳能海水蒸馏器被认为是由瑞典工程师威尔逊 (Charles Wilson) 设计、1872 年在北智利建立的，面积为 44504 m^2，日产淡水 17.7t。这座太阳能蒸馏海水淡化装置一直工作到 1910 年。近年来，人们对太阳能海水淡化技术进行了各种改进，其中使用最广的包括多效太阳能蒸馏技术和池式太阳能海水淡化技术。

4. 太阳能热动力发电

太阳能热动力发电是当前太阳能热利用的主要研究方向，根据太阳能热动力发电系统中所采用的集热器的型式不同，该系统可以分为分散型和集中型两大类。分散型发电系统是将抛物面聚光器配置成很多组，然后把这些集热器串联和并联起来，以满足所需的供热温度。集中型发电系统也称为塔式接收器系统，它由平面镜、跟踪机构、支架等组成定日镜阵列，这些定日镜始终对准太阳，把入射光反射到位于场地中心附近的高塔顶端的接收器上。

(二) 太阳能光利用

太阳能光利用最常见的是用光电转换原理制成的太阳能电池 (又称光伏电池或 PV 电池)，这是一种能将光能转换成电力的器件。太阳能电池 1954 年诞生于美国贝尔实验室，随后 1958 年被用作“先锋 1 号”人造卫星的电源上了天。由于太阳能光伏发电具有普遍性、清洁性、丰富性、永久性等优点，其被认为是 21 世纪最重要的新能源技术之一。

1. 太阳能电池分类

常用太阳能电池按其材料可以分为：晶体硅电池、硫化镉电池、硫化锑电池、砷化镓电池、非晶硅电池、硒铟铜电池、叠层串联电池等。晶体硅电池应用最广，其主要技术路线又分为单晶硅和多晶硅电池两种，其光电转换效率也随着过去十年的大量应用而快速提高，我国 2022 年的单晶硅组件效率标杆水平达到 20.5%，单晶硅组件达到 17%。

为了进一步提高太阳能电池的发电效率，很多研究团队对针对层叠串联太阳能电池进行研究。由于各种不同材料制成的太阳电池所吸收的太阳光谱是不同的，因此将不同材料的电池串联起来，就可以充分利用太阳光谱的能量，大大提高了太阳能电池的效率，从而叠层串联电池的研究已引起世界各国的重视，成为极具发展潜力的太阳能电池。

2. 太阳能发电原理

太阳能发电过程的实质是光子能量转换成电能的过程。以晶体硅太阳能电池为例，当光线照射电池表面时，部分光子被硅材料吸收，光子能量传递给了硅原子，使电子发生了跃迁成为自由电子，在 P-N 结两侧集聚形成了电势差。

3. 太阳能电池应用

太阳能电池质量轻，无活动部件，使用安全。单位质量输出功率大，既可组合成大型电站，又可单独作为小型电源，也可以在连通电网的情况下作为一种混合供电系统。例如，独立的太阳能电源可以通过太阳能电池发电，经蓄电池储能，进而给负载供电，这种电源已经广泛应用于微波通信、基站、电台、野外活动、高速公路，也可为无电山区、村庄、海岛提供电力。图 9-2 展示了一个连接电网的家庭太阳能发电系统。

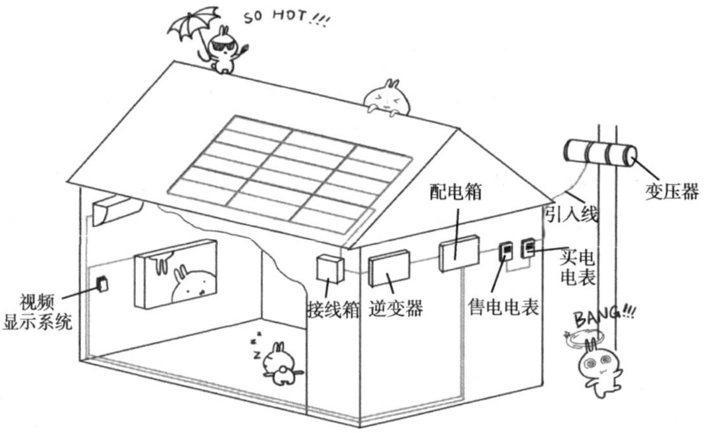

图 9-2　连接电网的家庭太阳能发电系统

三、太阳能利用现状

图 9-3 展示了 2008~2022 年全球光伏装机容量及其发电量的变化。当前太阳能利用以光伏发电为主，根据国际可再生能源机构 (IRENA) 数据，2022 年，全球太阳能光伏发电装机容量 1071GW(近十年年均增长率 26.4%)、发电量 1294TW·h(近十年年均增长率 29.0%)，装机容量及发电量的增长都是主要能源中最快的。

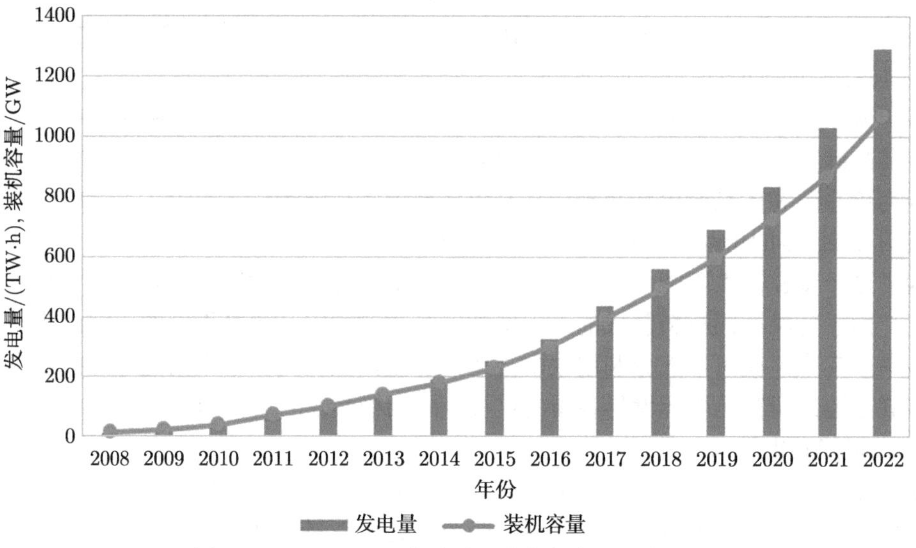

图 9-3　2008~2022 年全球光伏装机容量及发电量

如图 9-4 所示，2022 年中国光伏装机容量及发电量均为世界第一位，其次为美国和日本。但从装机容量和发电量相对值来看，中国光伏发电利用使用效率——即发电利用小时数或容量因子——明显低于世界平均水平，类似的还有德国；而美国和印度的光伏使用效率则明显高于世界平均水平。

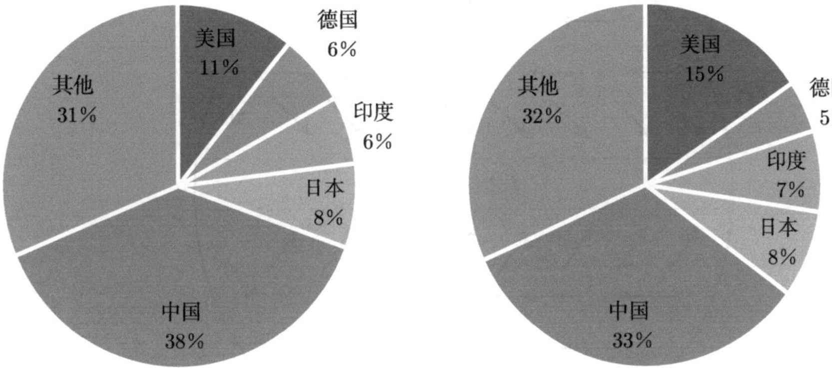

扫一扫
看彩图

图 9-4 2022 年主要国家光伏装机容量 (左图) 及发电量 (右图) 占比

第二节 风 能

一、风能基本概念

(一) 风的形成与特点

我们把空气运动产生的动能称为“风能”。空气在一秒钟时间里流过单位面积产生的动能称为“风能密度”。风能是太阳能转换的一种形式，是一种重要的自然资源。

风一般是指空气在水平方向上的运动。地表任何地方都在吸收来自太阳的热辐射，但是由于纬度、地形等因素，地面每个部位受热不均匀，地表空气的冷暖程度产生差异。暖空气膨胀变轻后上升，冷空气冷却变重后下降，进而导致地表各地的气压差异，空气在气压作用下产生流动，形成了风。而且，地球自转及地形变化也加强了风力，并且使风向变化多端。

地球上形成了极地高气压带、副极地低气压带、副热带高气压带、赤道低气压带等气压带。在忽略地表高低起伏、海陆分布差异的情况下，加之在地转偏向力①的影响下，在气压带之间又产生了极地东风带、西风带、东南信风带和赤道无风带等 (图 9-5)。

局部地区由于地形、海陆分布的原因，形成了白昼谷风、夜间山风，以及白昼海陆风、夜间海陆风等 (图 9-6 及图 9-7)。

在气象上，通常用风向、风速 (或风力) 来表示空气的水平运动。风向，是指风的来向，一般用 16 个方位或 360° 来表示。以 360° 表示时，由北起按顺时针方向量度。风速指的

① 地转偏向力是由地球自转而使地球表面运动物体受到与其运动方向相垂直的力，全称地球自转偏向力，它并不是一个真正的力，而是一种惯性力。地转偏向力不会改变地球表面运动物体的速率，但可以改变运动物体的方向，它在北半球总是使运动着的大气向右偏斜，在南半球则向左偏斜。这样，在气压和地转偏向力的共同作用下，高低纬度之间的风的运动方向就不是由高压垂直地指向低压，而是在北半球发生了右偏，北风变成了东北风；南半球发生了左偏，南风变成了东南风。

是单位时间内空气的行程，常以米/秒、千米/小时、海里/小时来表示。我国对不同风力等级的定义如表 9-1 所示。

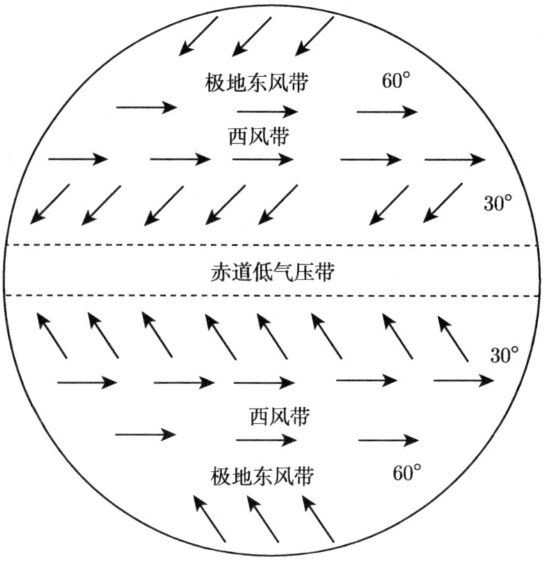

图 9-5　地球上风的运动方向

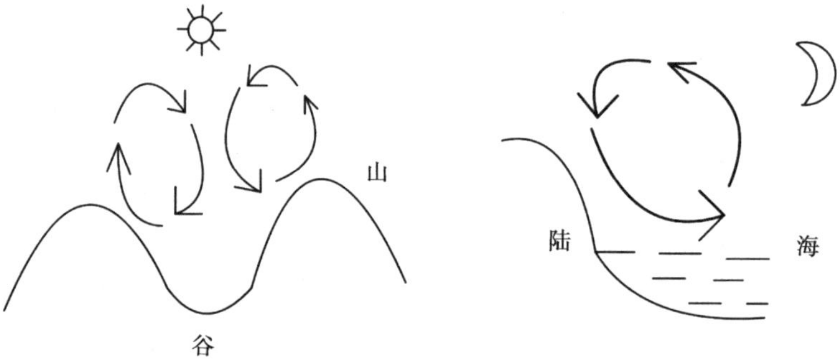

图 9-6　白天谷风 (左) 与夜间山风 (右)

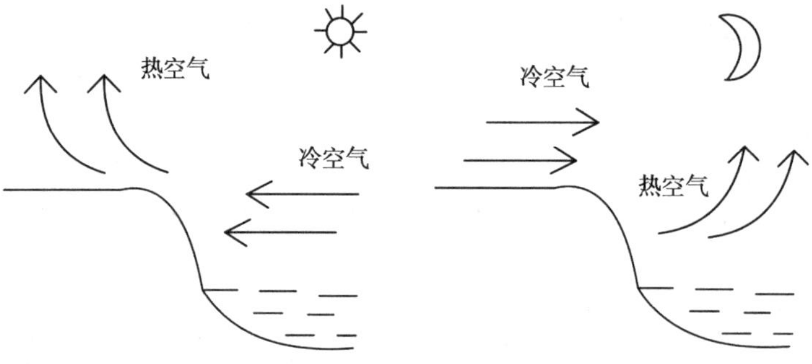

图 9-7　白昼海陆风 (左) 与夜间海陆风 (右)

表 9-1 风力等级表 ①

风级	名称	风速/(m/s)	陆地物象	海面波浪	浪高/m
0	无风	0.0～0.2	烟直上	平静	0
1	软风	0.3～1.5	烟示风向	微波峰无飞沫	0.1
2	轻风	1.6～3.3	感觉有风	小波峰未破碎	0.2
3	微风	3.4～5.4	旌旗展开	小波峰顶破碎	0.6
4	和风	5.5～7.9	吹起尘土	小浪白沫波峰	1
5	劲风	8.0～10.7	小树摇摆	大浪倒个飞沫	2
6	强风	10.8～13.8	电线有声	破峰白沫成条	3
7	疾风	13.9～17.1	步行困难	破峰白沫成条	4
8	大风	17.2～20.7	折毁树枝	浪长高有浪花	5.5
9	烈风	20.8～24.4	小损房屋	浪峰倒卷	7
10	狂风	24.5～28.4	拔起树木	海浪翻滚咆哮	9
11	暴风	28.5～32.6	损毁普遍	波峰全呈飞沫	11.5
12	飓风	32.7～	摧毁巨大	海浪滔天	14

(二) 风能资源

风能作为一种高效清洁的新能源，日益受到各国重视。虽然大多数学者都认为风能是一种资源丰富的可再生能源，但对全球风能资源储量的大小估计一直以来并没有得到一致的结论。1948 年，美国工程师 Palmer Putnam 的估算认为大气总能量功率为 10^{20}W，美国海洋物理学家 William Von Arx 则在 1974 年估算地球上可以利用的风力为 10^{12}W。

我国位于亚洲大陆东部，濒临太平洋，幅员辽阔，陆疆总长达 2 万多公里，还有 18000 多公里的海岸线，边缘海中有岛屿 5000 多个，风力资源十分丰富。我国风力的能源总量理论值为 2.37 亿 t 标准煤每年，其中 1/3 可利用。我国是典型的季风气候区，风能资源在很大程度上来自强盛的季风。总体上来说，我国风能北方强而南方弱，沿海强而内陆弱，平原强而山区弱，冬春强而夏秋弱。

(三) 风能优缺点

风能利用主要有以下优点。

(1) 风力资源非常丰富。风能是太阳能转换的一种形式，虽然对全球风能储量的估计还没有一致的结论，但是大多数研究都认可风能资源非常丰富，并且随着风能技术的进步，可被利用的风能资源会逐渐增加。

(2) 风能是一种便宜的能源。近年来陆上风电成本持续下降，在许多国家的度电成本已经与常规发电成本相当甚至更低。根据 IRENA 数据，全球新投产商业化陆上风电项目度电成本 (LCOE) 从 2010 年的 0.111 美元/(kW·h) 下降到 2023 年的 0.033 美元/(kW·h)，其中中国从 0.090 美元/(kW·h) 下降到 0.026 美元/(kW·h)。

(3) 风能对土地的占用率小。在典型风场中，风机及交通用地仅占整个风场面积的 1%，其余 99%的面积可用于农业生产或者其他用途。在获得相同电力的情况下，太阳能和生物质能生产所占用土地面积是风力发电的数百倍甚至上万倍。

(4) 风能清洁安全。相比于核电、火电等发电形式，风力发电过程中不产生有害辐射、燃料残渣物、大气污染物、温室气体等，因此更加清洁安全。

① 本表所列风速是指平地上离地 10m 处的风速值。

(5) 风能技术具有广泛的适用性。从地域适用性来看，在沿海地区和内陆山区，风力发电都可以产生很好的经济效益。从目标适用性来看，风能既可以小规模利用，直接为偏远地区供电，也可以大规模发电并连接电网向负荷地区输电。从工程适用性来看，风机的安装和维护相对简单，即使是缺乏高技术劳动力的发展中国家也能通过本地劳动力来实现。

世界上风能作为辅助能源正在发挥着巨大的作用。但与此同时，风能的利用仍存在一些不足之处。其中影响最大的是风能的不稳定性：由于风力的自然条件限制，风力机的能量输出不稳定，作为独立能源的条件还不具备。此时，采用风/光互补发电系统能有效地利用自然资源。例如在我国很多地区，冬半年风大，太阳辐射强度小；夏半年风小，太阳辐射强度大，两种能源的分布季节正好相反，互补利用可满足用户用电需求。除了不稳定性外，风力机工作时产生的噪声以及对鸟类飞行造成的风险等也是风能开发使用过程中受到关注的问题。

二、风能利用技术

风能利用是将风能转化为电能、热能、其他机械能等各种形式的能量，用于发电、提水、助航、制冷和制热等。常用的风能利用方式包括：独立运行方式、风力发电与其他发电方式相结合、风力发电并入常规电网运行。

风力机是将风能转换为机械功的动力机械，又称风车。广义地说，它是一种以太阳为热源，以大气为工作介质的热机。风力机的主要部件是风能接收装置。一般说来，凡在气流中能产生不对称力的物理构形都能成为风能接收装置，它以旋转、平移或摆动运动而发出机械功。许多世纪以来，风力机同水力机械一样，作为动力源替代人力、畜力，对生产力的发展发挥过重要作用。以风轮作为风能接收装置的常规风力机为例，按风轮转轴相对于气流的方向可分为水平轴风轮式 (转轴平行于气流方向)、侧风水平轴风轮式 (转轴平行于地面、垂直于气流方向) 和垂直轴风轮式 (转轴同时垂直于地面和气流方向)。

风车最早出现在波斯，起初是立轴翼板式风车，后又发明了水平轴风车，风车传入欧洲后，15 世纪已得到广泛应用。第二次世界大战前后，由于能源需求量大，欧洲一些国家和美国相继建造了一批大型风力发电机。1941 年，美国建造了一台双叶片、风轮直径达 53.3m 的风力发电机，当风速为 13.4m/s 时输出功率达 1250kW。英国在 20 世纪 50 年代建造了三台功率为 100kW 的风力发电机。法国在 20 世纪 50 年代末到 60 年代中期相继建造了三台 800~1000kW 功率的大型风力发电机。20 世纪 50 年代中东油田的发现，使风力机的发展缓慢下来。21 世纪以来，随着对应对气候变化的关注，人们对风能等清洁能源的需求再次上升。

三、风能利用现状

当前风能利用以风力发电为主，图 9-8 展示了 2008~2022 年全球风力发电装机容量及发电量，其中 2022 年发电装机容量 903GW(十年年均增长率 11.8%)、发电量 2098TW·h(十年年均增长率 12.9%)，虽然风力发电装机容量低于太阳能光伏发电，但其更高的容量因子使得风能发电量仍高于太阳能，是当前第五大电力来源 (低于煤炭、天然气、水能及核能) 和第二大可再生电力来源。

中国利用风能已有悠久的历史。古代甲骨文字中就有“帆”字存在，1800 多年前，东汉刘熙著作里有“随风张幔曰帆”的叙述，说明我国在很早时候就开始利用风能。明崇祯十年 (1637 年)《天工开物》书中有“扬郡以风帆数页，俟风转车，风息则止”的记载，表明在明代以前，我国劳动人民就会制作将风力的直线运动转变为风轮旋转运动的风车，在风能利用上前进了一大步。

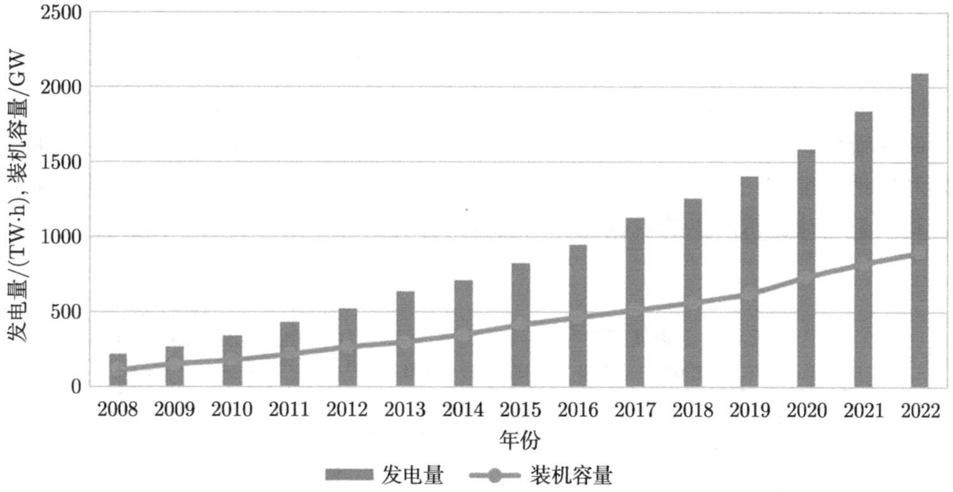

图 9-8　2008~2022 年全球风力发电装机容量及发电量

我国东南沿海向来有风力提水的使用习惯。江苏省 1959 年曾有多达 20 余万台提水风车，后来大部分风车被柴油、电力所取代，但部分地区一直使用风力提水。20 世纪 50 年代中期曾研制小型现代化风力提水装置，20 世纪 50 年代后期开始研究小型风力发电机组，但限于当时技术经济条件，小型机组在试验中受挫而停顿。至 20 世纪 70 年代，我国于 1972 年 7 月在浙江省绍兴县雄鹅峰上安装了 18kW 风电机组，1976 年 11 月迁装到嵊泗县菜园镇运转发电，该机组一直运行到 1986 年 8 月。1998 年底，全国安装微型风电机组 178574 台，约计 1.7 万 kW。过去在网外无电地区，推广微型、小型风电机组，是解决无电农牧民用电的有效途径，有其独特的优越性，也是中国发展微型、小型风电机组的特色。

近年来，风力发电在我国发展迅速，2022 年，我国风力发电装机容量达到 367GW，占世界总量的 41%；风力发电量为 766TW·h，占世界总量的 36%(图 9-9)。

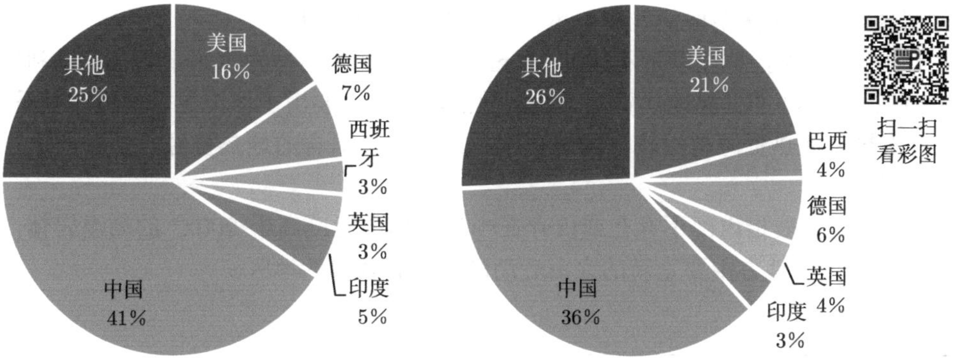

图 9-9　2022 年主要国家风力发电装机容量 (左图) 及发电量 (右图) 占比

第三节 地 热 能

一、地热能基本概念

(一) 地热能来源与分类

人们把蕴藏于地球内部的热能称为“地热能”。地球很像是一个巨大的“热水瓶”，外凉内热，而且是越往里温度越高，地球通过火山爆发和温泉外溢等途径，将其内部蕴藏的热能源源不断地输送到地面上来 (图 9-10)。现代人们常说的温泉，就是人类的祖先在很久以前就开始利用地热能的一种方式。一般认为，地热能主要来源于地球内部放射性元素释放的热能，其次是地球自转产生的机械能，以及重力分异、化学反应、岩矿结晶释放的热能等。

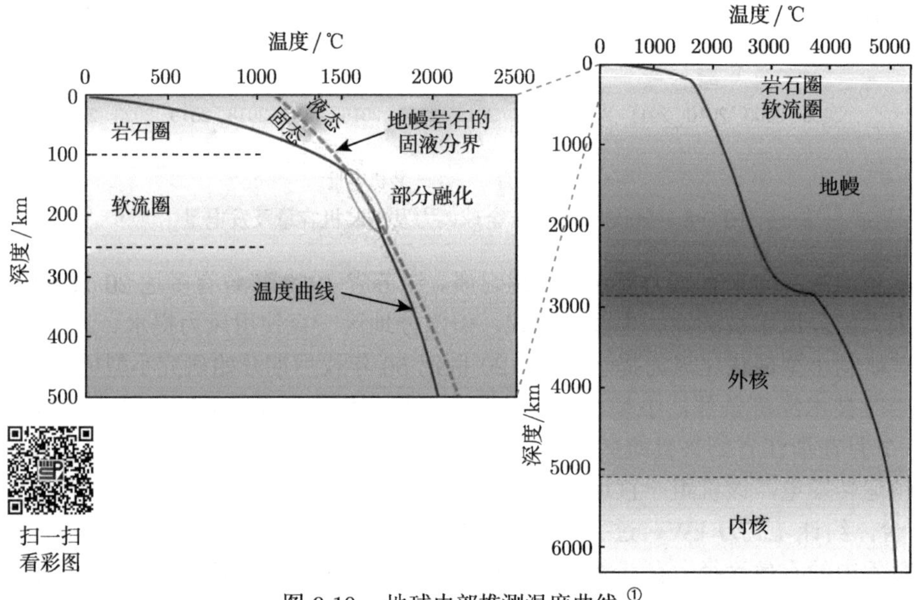

图 9-10 地球内部推测温度曲线 ①

综合考虑热流体传输方式、温度范围以及开发利用方式等因素，我国通常将地热资源分为浅层地热能、水热型地热能和干热岩型地热能三种类型。

(1) 浅层地热能指地表以下不超过 200m 深度的、在当前技术水平下具备开发利用价值的、温度低于 25℃ 的低温地热资源。浅层地热能目前主要用于城市冬季供暖和夏季制冷。

(2) 水热型地热资源是指较深的地下水或蒸汽中所蕴含的地热资源，是目前地热勘探开发的主体。

(3) 干热岩一般指内部不存在或仅存在少量流体的温度高于 200℃ 的高温岩体，其开发利用潜力最大的地方主要是新的火山活动区或地壳较薄的地区。

① 图片来源：Eagle S 2019. Physical Geology. 2nd Edition. Victoria, B.C.: BCcampus. Retrieved from https://opentextbc.ca/physicalgeology2ed/。

(二) 地热能资源

地球内部向地表输送热能的功率达到 44.2TW，但是由于其分散性，大多数地热能是无法进行经济开发的。对可开发地热能资源的储量估计差异很大，介于 0.035~2TW。

我国开发利用地热与温泉已有超过五千年的历史, 是世界上利用地热资源较早的国家之一。“十二五”期间，国土资源部中国地质调查局组织对我国地热资源量进行了评价，评价结果认为我国城市浅层地热能资源每年可开采量折合 7 亿 t 标准煤，全国水热型地热资源每年可开采量折合 18.65 亿 t 标准煤，干热岩地热资源量折合 856 万亿 t 标准煤。中国的地热水直接利用量居世界首位，但地热能发电利用并不充分。我国地热资源每年利用量折合标准煤 0.21 亿 t，其中浅层地热能开采率为 2.3%，水热型地热资源开采率为 0.2%，地热资源开发利用潜力巨大[①]。

(三) 地热能优缺点

地热能的主要优点包括：①可再生性、清洁性以及稳定性；②分布广泛且资源丰富；③建设周期短且利用成本低。

而地热能的主要缺点则包括：①分布相对分散，集中开发难度大；②开发利用过程中可能造成地下有毒气体或废水排放。

二、地热能利用技术

地热能的利用可分为直接利用和地热发电两大类。

(一) 直接利用

地热能直接利用于烹饪、沐浴及暖房等，已有较为悠久的历史。直到今天，天然温泉与人工开采的地下热水仍在被人类广泛使用。现代地热水的直接用途非常广泛，主要有采暖空调、工业烘干、农业温室、水产养殖与温泉疗养保健等。

(1) 在工业上，地热能可用于加热、干燥、制冷、脱水加工、提取化学元素、海水淡化等方面。

(2) 在农业生产上，地热能可用于温室育苗、栽培作物、养殖禽畜和鱼类等。例如，地处高纬度的冰岛以地热温室种植蔬菜、水果、花卉和香蕉，近年来又栽培了咖啡、橡胶等热带经济作物。

(3) 在浴用医疗上，人们早就用地热矿泉水医治皮肤病和关节炎等，不少国家还设有专供沐浴医疗用的温泉。

(二) 地热发电

地热发电是利用地下热水和蒸汽为动力源的一种新型发电技术。其基本原理与火力发电类似。根据能量转换原理，地热发电实际上就是把地下的热能转变为机械能，然后再将机械能转变为电能的能量转换过程。

地热发电系统主要有四种。

(1) 地热蒸汽发电系统。利用地热蒸汽推动汽轮机运转，产生电能。本系统技术成熟、运行安全可靠，是地热发电的主要形式。我国西藏羊八井地热电站采用的便是这种形式。

① 数据来源：王贵玲，等，2017. 中国地热资源潜力评价. 地球学报,28(4):449-459。

扩展阅读 西藏羊八井地热发电站

2019 年 12 月 19 日，工业和信息化部公布了第三批国家工业遗产名单，“羊八井地热发电试验设施”获评国家工业遗产。羊八井地热田位于拉萨市西北当雄县境内，距拉萨市区约 90km，海拔 4300m，热田热储面积为 14.62 km^2，由浅层中高热储和深层高温热储两个资源品级组成，是我国目前最大的地热试验基地。羊八井地热发电站安装机组为 9 台，总装机容量为 2.518 万 kW，是国内装机容量最大和唯一商业运营的地热电厂。羊八井地热资源的开发利用始于 1975 年，截至 2019 年 5 月，羊八井地热发电站累计发电量达到 34.1 亿 kW·h。

(2) 双循环发电系统。双循环发电系统也称有机工质朗肯循环系统。它以低沸点有机物为工质，使工质在流动系统中从地热流体中获得热量，并产生有机质蒸汽，进而推动汽轮机旋转，带动发电机发电。

(3) 全流发电系统。全流发电系统将地热井口的全部流体，包括所有的蒸汽、热水、不凝气体及化学物质等，不经处理直接送进全流动力机械中膨胀做功，其后排放或收集到凝汽器中。这种形式可以充分利用地热流体的全部能量，其主要难度在于如何防止地热井内未经处理的流体对发电设备的腐蚀。

(4) 干热岩发电系统。干热岩发电系统是一种通过人工水力压裂在地下高温岩层中制造裂隙网络，注入循环水吸收岩石热能后发电的技术。进行干热岩发电研究的国家主要有美国、日本、澳大利亚等，但这种发电系统迄今尚无大规模应用。

三、地热能利用现状

图 9-11 与图 9-12 展示了全球地热能直接利用和发电利用情况。与其他可再生能源不

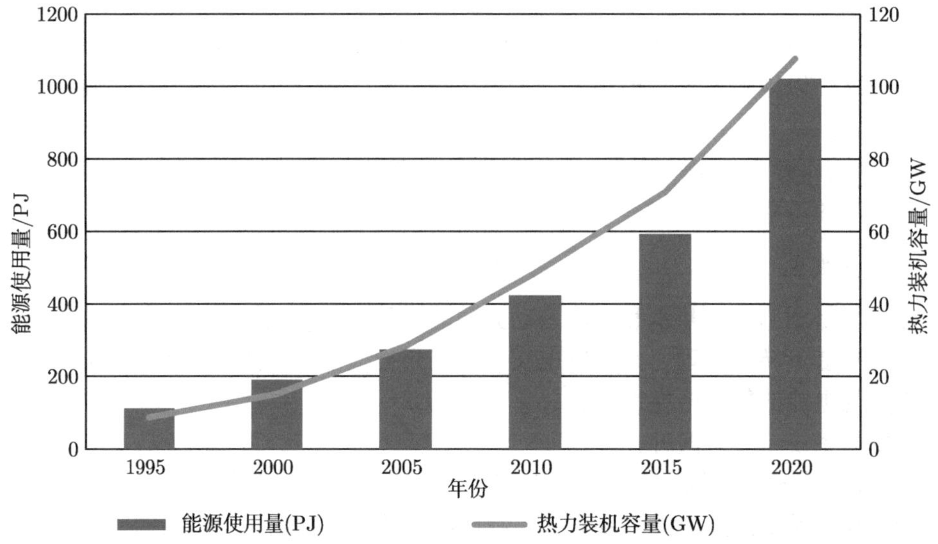

图 9-11　1995~2020 年全球地热能直接利用装机容量及能源使用量

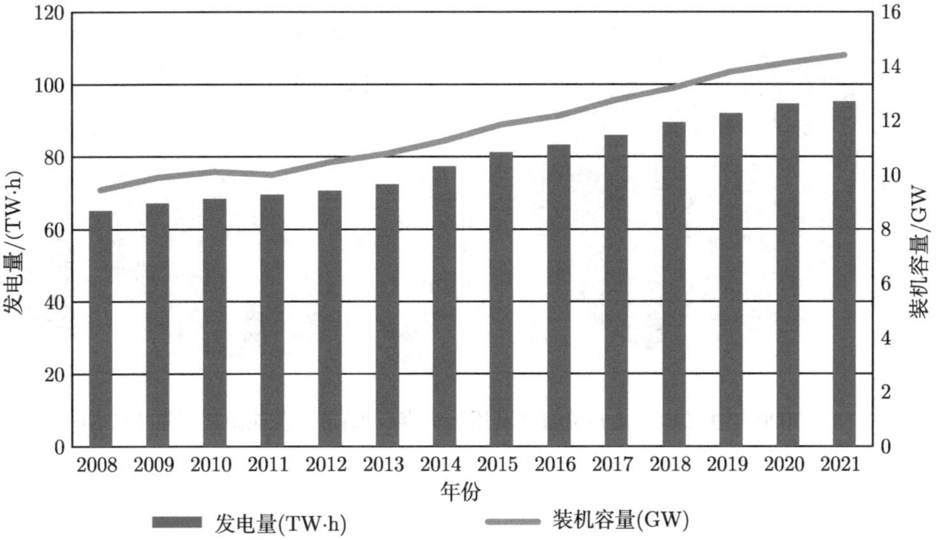

图 9-12 2008～2021 年全球地热能发电利用装机容量及发电量

同，地热能直接利用的比例要高于发电。以 2020 年为例，地热能热力装机容量达到 108GW、能源使用量为 1021PJ，而发电装机容量只有 14GW、发电量为 95TW·h(折合 341PJ)。

2020 年，全球至少有 88 个国家直接利用地热能，这些被直接利用的地热能主要被用于地源热泵 (72.1%装机容量及 58.8%能源使用量)、洗澡及泳池水加热 (11.4%装机容量及 18.0%能源使用量) 和空间采暖 (11.9%装机容量及 16.0%能源使用量)(表 9-2 及图 9-13、图 9-14)。按国别看，中国是直接使用地热能最多的国家，其装机容量和能源使用量分别占全球的 47%和 44%，接下来是美国和瑞典。

从发电角度看，2021 年地热能装机容量及发电量最高的国家是美国，其发电装机容量占全球 18%，发电量占 20%。其他地热能发电使用量比较高的国家还包括印度尼西亚、菲律宾、土耳其和新西兰。

表 9-2 2020 年全球地热能利用方式

	热力装机		能源使用	
	容量/MW	占比/%	能量/TJ	占比/%
地源热泵	77547	72.1	599981	58.8
空间采暖	12768	11.9	162979	16.0
温室加热	2459	2.3	35826	3.5
水产养殖池加热	950	0.9	13573	1.3
农业干燥	257	0.2	3529	0.3
工业使用	852	0.8	16390	1.6
洗澡及泳池水加热	12253	11.4	184070	18.0
制冷/融雪	435	0.4	2589	0.3
其他	106	0.1	1950	0.2

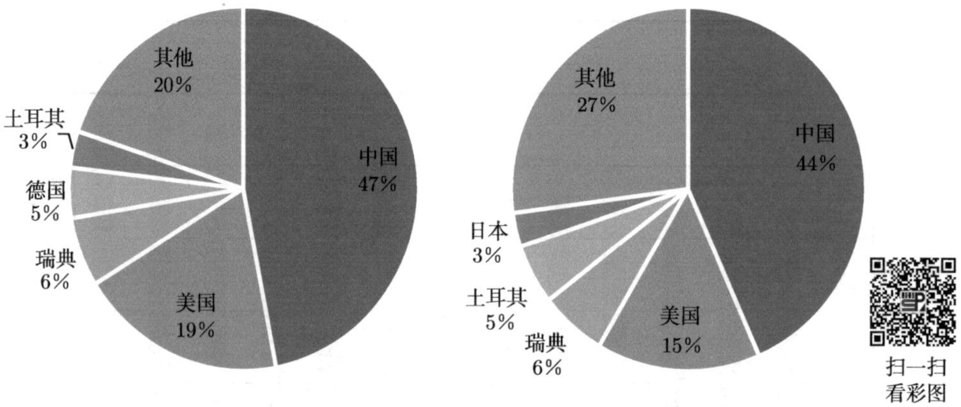

图 9-13　2020 年主要国家地热能直接利用装机容量 (左图) 及能源使用量 (右图) 占比

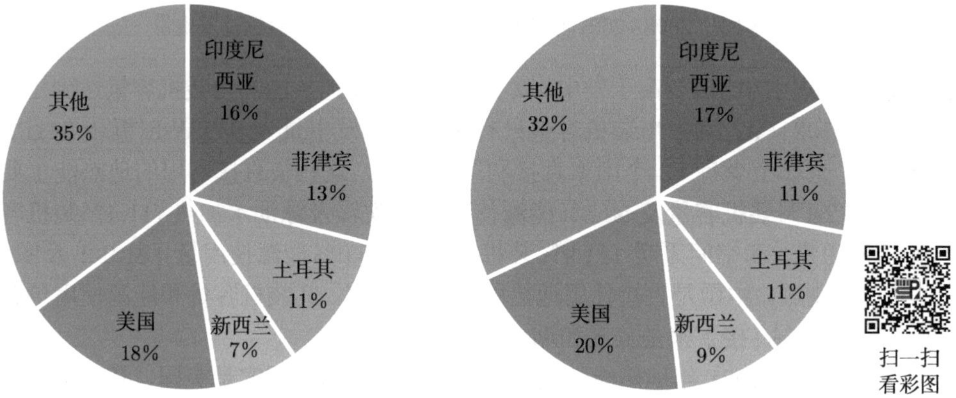

图 9-14　2021 年主要国家地热能发电装机容量 (左图) 及发电量 (右图) 占比

第四节　生 物 质 能

一、生物质能基本概念

(一) 生物质能来源及分类

生物能是太阳能以化学能形式储存在生物中的一种能量形式，是一种以生物质为载体的能量，它直接或间接地来源于植物的光合作用。生物质能是可再生的能源，可转化成常规的固态、液态和气态燃料。

生物质能主要包括以下类型。

(1) 柴薪与秸秆。柴薪与秸秆至今仍是许多发展中国家的重要能源，但柴薪的需求导致林地日减，因此，适当规划与广泛植林是保障柴薪供应的重要手段。

(2) 牲畜粪便。牲畜的粪便，经干燥可直接燃烧供应热能，若将粪便经过厌氧处理，可产生甲烷。

(3) 经济作物。甘蔗、玉米等作物可直接发酵，转变为乙醇。

(4) 水生植物。同柴薪一样，水生植物也可转化成燃料。

(5) 城市垃圾。城市垃圾的主要成分包括纸屑 (占 40%)、纺织废料 (占 20%) 和废弃食物 (占 20%) 等，城市垃圾可以直接燃烧产生热能，也可以经过热分解处理制成燃料使用。

(二) 生物质能优缺点

生物质能的优点主要有：①是一种碳中和燃料，甚至可以通过生物质能的应用结合其他技术实现负碳用能；②为很多欠发达地区提供廉价能源；③将有机物转化成燃料可减少环境公害 (例如垃圾燃料)。

生物质能的缺点包括：①植物仅能将极少量的太阳能转化成有机物，能量效率低；②单位土地面的有机物能量偏低，可能导致能量作物与粮食作物的用地竞争。

二、生物质能利用技术

生物质能的利用技术大体上分为直接燃烧技术、物化转化技术和生化转化技术三大类。

扩展阅读 垃圾焚烧发电

垃圾焚烧发电是指通过特殊的焚烧锅炉燃烧城市固体垃圾，再通过蒸汽轮机发电机组发电的一种发电形式。垃圾发电把各种垃圾收集后，进行分类处理。我国生活垃圾处理技术起步较晚，但近年来在国家产业政策的支持下，我国垃圾焚烧技术得到了迅速发展，垃圾焚烧发电处理在我国呈现出迅猛增长的势头。

三、生物质能利用现状

生物质能一直是人类赖以生存的重要能源之一。虽然由于很多生物质能作为非商品能源而没有被统计在能源数据中，但现实中生物质能在整个能源系统占有非常重要的地位，特别是对部分欠发达国家，生物质能是低收入居民最重要的日常能源之一。

根据 2021 年版《bp 世界能源统计年鉴》，2009~2019 年间，全球生物质能的生产和消费年平均增长率均为 6.2%，而 2020 年全球对生物质能的生产和消费都有所下降。生物质能生产量增长率为 −6.3%，消费量增长率为 −5.2%。其中生物汽油 (乙醇) 的生产和消费下降要高于生物柴油。

2021 年，随着我国“碳达峰”“碳中和”目标的提出，生物质能作为零碳燃料，在促进能源低碳转型进程中不可或缺，我国也在积极发展生物质能发电。2021 年，我国生物质能发电装机容量达到 30.2GW，占世界总量的 21%，发电量为 123TW·h，占世界总量的 20%，均居世界第一位 (图 9-15)。

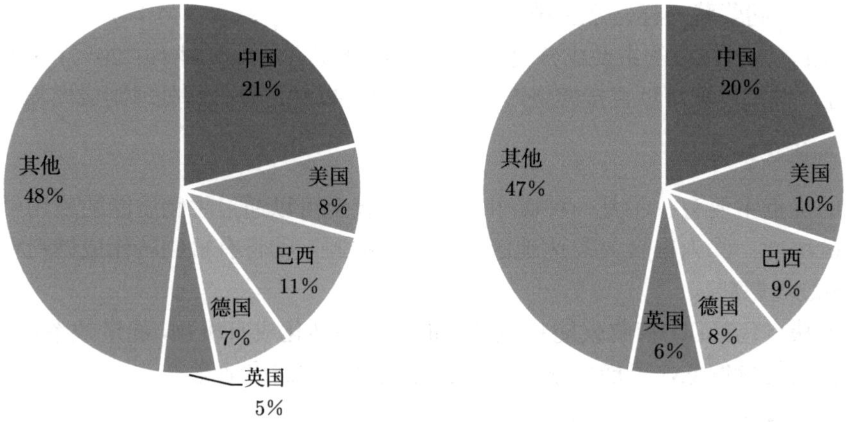

扫一扫
看彩图

图 9-15　2021 年主要国家生物质能发电装机容量 (左图) 及发电量 (右图) 占比

关键术语

太阳能
太阳辐射
光伏发电
太阳能发电
风能
风力发电机
地热能
地热能直接利用
地热能发电
浅层地热能
水热型地热能
干热岩
生物质能

第四篇
能源、碳排放与社会

第十章　能源的外部性

本章提要

- ■ 能源对环境的影响主要包括能源在其生产、加工运输、使用与处置等过程中对生态环境资源的占用以及对气候系统的干扰。
- ■ 空气污染物对人体健康可以产生多方面的直接和间接危害，而能源是造成空气污染的最主要原因。
- ■ 我国空气质量指数中关注的空气污染物包括 PM10、PM2.5、二氧化硫、一氧化氮、一氧化碳以及臭氧。
- ■ 2019 年全球人为温室气体排放量约 590 亿 t 二氧化碳当量，其中大约有三分之二与化石能源使用相关。
- ■ 二氧化碳是对气候变化贡献最大的人为排放温室气体，其贡献约占 74%。
- ■ 甲烷是仅次于二氧化碳的对气候变化贡献第二大的人为排放温室气体，其贡献约占 17%。
- ■ 氧化亚氮是对气候变化贡献第三大的人为排放温室气体，其贡献约占 6%。

第一节　能源的环境影响

能源来自环境，能源使用后的最终归宿也是环境，甚至有时候人们使用能源的目的就是改变环境 (例如使用能源来进行采暖和制冷)，因此能源的使用必然与环境息息相关。在第一次工业革命之前，人类获取能源的能力较弱，能源使用量较小且相对环境容量足够大，因此能源的使用对环境的影响并不显著。然而，第一次工业革命后人类获取能源的能力大大提高，伴随而来的是能源使用量的快速上升，能源使用对环境造成的影响越发显著，从而使能源与环境的关系成为人们关注的一个重大问题。

能源对环境的影响主要包括能源在其生产、加工运输、使用与处置等过程中对生态环境资源的占用以及对气候系统的干扰。能源对环境的影响可见于社会活动的方方面面，例如，烹饪时薪柴燃烧引起室内空气污染、发电厂中煤炭燃烧导致大气污染和气候变化、原油运输泄漏导致土地和海洋污染等 (表 10-1)。

能源所造成的环境影响尺度可能仅局限在当地 (例如室内空气污染和土地占用通常是本地性的)，也可能迁移到一定的区域范围内 (例如水污染和非室内空气污染物通常会伴随径流和大气迁移)，甚至可能涉及全球 (例如温室气体排放导致的气候变化是全球性的) (图 10-1)。

表 10-1　不同能源对环境的主要影响途径

	生产	加工运输	使用与处置
薪柴	森林破坏 (过度砍伐时)		空气污染物排放
煤炭	地表破坏 (露天) 地面沉降、塌陷 (矿井)	固废排放 废水排放	空气污染物排放 温室气体排放 煤渣排放 水资源消耗 (冷却)
石油、天然气	水资源消耗 (开采) 水资源污染 (泄漏与化学试剂)	土地占用 (管道) 运输泄漏污染	空气污染物排放 温室气体排放 水资源消耗 (冷却)
水能	地貌与河流生态环境改变	土地占用 (输电)	
核能		土地占用 (输电)	核废料放射性泄漏风险 水资源消耗 (冷却)
风能、太阳能	土地占用 噪声 (风能) 对鸟类潜在危险 (风能)	土地占用 (输电)	

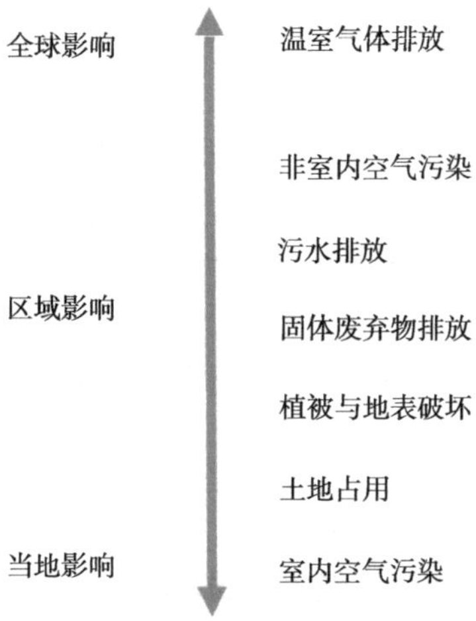

图 10-1　能源造成的不同尺度的环境影响

第二节　能源与空气污染

一、空气污染概况

空气污染是指大气中特定的固体、液体或者气体成分的聚集导致对周边环境及人体产生不利影响的现象。空气污染物对人体健康可以产生多方面的直接危害，主要表现是呼吸道疾病与生理机能障碍，以及眼鼻等黏膜组织受到刺激而患病。即使大气中污染物浓度不高，但人体成年累月地呼吸受污染的空气，也会引起慢性支气管炎、支气管哮喘、肺气肿、肺癌及慢性阻塞性肺病等。而当大气中污染物的浓度很高时，会造成急性污染中毒，严重时甚至会对人们的生命造成威胁。根据世界卫生组织 (WHO)2016 年发布的报告 *Ambient Air Pollution: A Global Assessment of Exposure and Burden of Disease*，空气污染是对健康产生最大威胁的环境风险，在 2012 年全球大约有九分之一的死亡与空气污染条件相关。除了直接危害外，空气污染也可能通过影响动植物生长、形成酸雨造成腐蚀等方式影响社会经济，从而对人类产生间接危害。

能源生产、运输和消费被认为是造成空气污染的最主要原因。根据 IEA 在 2016 年发布的 *World Energy Outlook Special Report: Energy and Air Pollution*，2015 年全球有超过 99%的二氧化硫 (SO_2) 和氮氧化物 (NO_x)、92%的一氧化碳 (CO)、85%的粒径小于 2.5μm 颗粒物 (PM2.5)、66%的挥发性有机物 (VOC) 排放来自于能源活动 (图 10-2)。

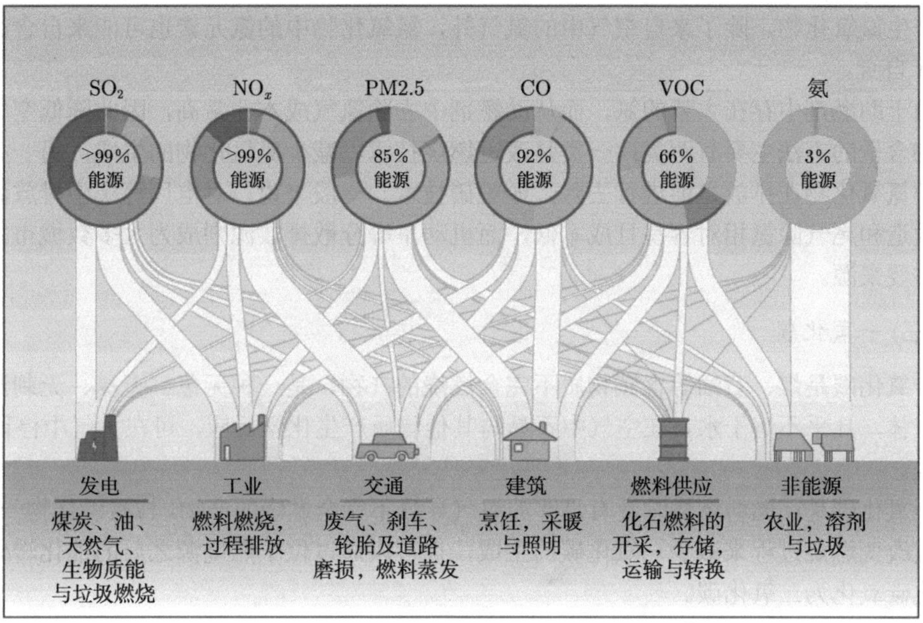

图 10-2　全球 2015 年主要空气污染物来源 ①

扫一扫
看彩图

二、主要空气污染物

能源活动所产生的空气污染物包括直接污染物和间接污染物。像二氧化硫、一氧化碳等在能源生产、加工运输、使用与处置等过程直接产生与排放的污染物称为直接污染物；像臭氧、硫酸等由直接污染物在大气条件下发生反应所生成的二次污染物则属于间接污染物；而颗粒物既有直接来源，也可以间接生成，因此既可能是直接污染物，也可能是间接污染物。

(一) 硫氧化物

硫氧化物 (SO_x) 指的是只由硫、氧两种元素组成的化合物，包括二氧化硫、三氧化硫 (SO_3) 等，空气中的硫氧化物主要是含硫燃料 (煤炭、石油等) 燃烧的生成物。二氧化硫是无色气体，有刺激性，空气中的二氧化硫主要来自火力发电及其他行业的工业生产，比如固定污染源燃料的燃烧，有色金属冶炼、钢铁、化工、硫厂等的生产，小型取暖锅炉和民用煤炉的排放等来源。二氧化硫在阳光下或空气中在某些金属氧化物的催化作用下，易被氧化成三氧化硫。

硫氧化物中的硫元素主要来源于燃料，因此如果在燃料中减少其含硫成分则能够有效减少硫氧化物产生，比如，可以使用洗煤技术减少煤炭中的含硫量。当然，去除硫氧化物也可以在其生成之后进行处理，比如，在发电厂中采用湿法脱硫技术减少最终硫氧化物的排放。

① 图片来源：IEA, 2016. World Energy Outlook Special Report: Energy and Air Pollution。

(二) 氮氧化物

氮氧化物指的是只由氮、氧两种元素组成的化合物，包括氧化亚氮 (N_2O)、一氧化氮 (NO)、二氧化氮 (NO_2) 等，它们大部分来源于燃烧过程中的助燃剂。出于成本考虑，燃料燃烧中一般会使用空气作为助燃剂，而空气中氮气含量占 78%，这些氮气在高温高压下被氧化产生氮氧化物。除了来自空气中的氮气外，氮氧化物中的氮元素也可能来自含氮燃料 (如煤) 自身。

由于助燃剂中存在大量的氮，而从助燃剂中去除氮气成本非常高，因此降低空气中氮氧化物含量的方法主要有两类：一类是改进燃烧技术，减少氮氧化物的生成；另一类是将生成的氮氧化物在排放之前进行去除，如脱硝技术。一般来说，对电厂等集中排放源进行技术改造和尾气除氮相对容易且成本低，而机动车等分散排放源则成为大多数城市氮氧化物的主要来源。

(三) 一氧化碳

一氧化碳是煤、石油等含碳物质不完全燃烧的产物，是一种无色、无臭、无刺激性的有毒气体，几乎不溶于水，在空气中不易与其他物质产生化学反应，可在大气中停留 2~3 年之久。

一氧化碳是在燃料燃烧时没有足够的氧气导致不完全燃烧的产物。与氮氧化物一样，可以通过改变燃烧过程来减少一氧化碳的生成，也可以通过位于燃烧源之后的催化转化器将一氧化碳氧化为二氧化碳。

(四) 臭氧

臭氧 (O_3) 是光化学烟雾的代表性污染物，主要由空气中的氮氧化物和碳氢化合物在强烈阳光照射下，经过一系列复杂的大气化学反应而形成和富集。虽然在高空平流层的臭氧对地球生物具有重要防辐射保护作用，对于吸收宇宙中的短波辐射有很大作用，但城市低空的臭氧却是一种非常有害的污染物，对所有的有机物都有一定的破坏作用。

对于臭氧的控制比对其他污染物的控制要难得多，主要原因就在于臭氧形成的化学过程更加复杂，当参与生成臭氧的氮氧化物和碳氢化合物在大气中浓度显著下降时，并不一定能够实现城市低空臭氧浓度相应程度的下降。

扩展阅读 大气中的臭氧

大气层中广泛分布着臭氧，但其浓度随着大气层高度不同而变化 (图 10-3)。通常大气层中距离地面 15~35km 的臭氧浓度最高，因此这部分大气层又称为臭氧层。臭氧层能够吸收太阳光中波长 306.3nm 以下的紫外线，保护地球上的人类和动植物免遭短波紫外线的伤害，所以臭氧层犹如一把保护伞保护地球上的生物得以生存繁衍。除了臭氧层外，人们还格外关注近地面的臭氧浓度，因为与臭氧层中的臭氧对生物产生保护作用不同，在近地面的臭氧由于其强氧化作用，可能会对人和动植物产生严重的危害。

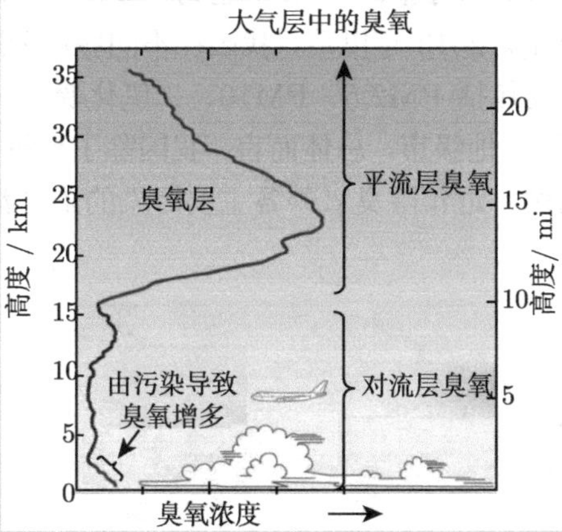

图 10-3　臭氧层在大气中的分布 ①

1mi=1.609344 km

(五) 颗粒物

颗粒物 (particulate matter, PM) 主要指分散悬浮在空气中的液态或固态物质，包括烟、尘、雾和炭烟等多种形态。颗粒物既是直接污染物也是间接污染物，例如，汽车尾气中存在未完全燃烧的燃料颗粒就是直接污染物，而汽车尾气中的二氧化硫与雾气相结合形成的颗粒物则是间接污染物。有天然来源的颗粒物，如风沙尘土、火山爆发、森林火灾等造成的颗粒物；也有人为来源的颗粒物，如工业活动、建筑工程、垃圾焚烧以及车辆尾气等造成的颗粒物。

粒径小于 10μm 的固体颗粒物 (PM10) 称为可吸入颗粒物，而粒径小于 2.5μm 的固体颗粒物 (PM2.5) 称为可入肺颗粒物，可入肺颗粒物能随人体呼吸作用深入肺部，产生毒害作用。当固体颗粒物附着有毒金属、致癌物质和致病菌 (例如粒径约 0.1μm 的新冠病毒) 等时，其危害会变得更大。

扩展阅读 颗粒物和气溶胶

颗粒物和气溶胶都是在空气污染研究中常见的讨论对象，在针对雾霾的报道中也都经常出现。从科学角度看，它们既有明确的区别，又有很大的关联性。气溶胶的定义是以气体为分散介质、以固体或液体为分散相的分散体系——通俗解释就是指气体介质与其中悬浮的固态或液态颗粒所组成的气态分散系统，也就是说气溶胶的组成中包括了作为悬浮颗粒物的气溶胶粒子和作为溶剂的气体介质两部分。虽然从严格的胶体化学定义中，分散体系粒子的粒径范围应当在 0.001~0.1μm，但在针对空气污染的一般讨论中经常并不严格限定上述粒径范围，而是把大气载体与其中悬浮颗粒物组成的系统均称为气溶胶。

三、空气污染控制

21 世纪以来，我国各个地区的污染物控制效果差异很大，但整体上来说取得了较好的成

① 图片编辑自：https://csl.noaa.gov/assessments/ozone/2006/images/Q1-2LowRes.jpg, 最后访问于 2025 年 4 月 2 日。

果。例如根据 2013 年之前的标准，我国空气质量达到二级或更优的城市从 2001 年的 33%上升到 2012 年的 91%(图 10-4)。2013 年以后，我国在不同城市分阶段开始采用新的空气质量标准，检测的空气污染物种类包括 PM2.5、PM10、二氧化硫、一氧化氮、一氧化碳和臭氧，到 2015 年该标准覆盖我国所有地级市，总体而言，我国除了臭氧以外，各种污染的浓度近年都有明显下降。以北京市为例，近年除臭氧外各主要污染的浓度都有显著下降 (图 10-5)。

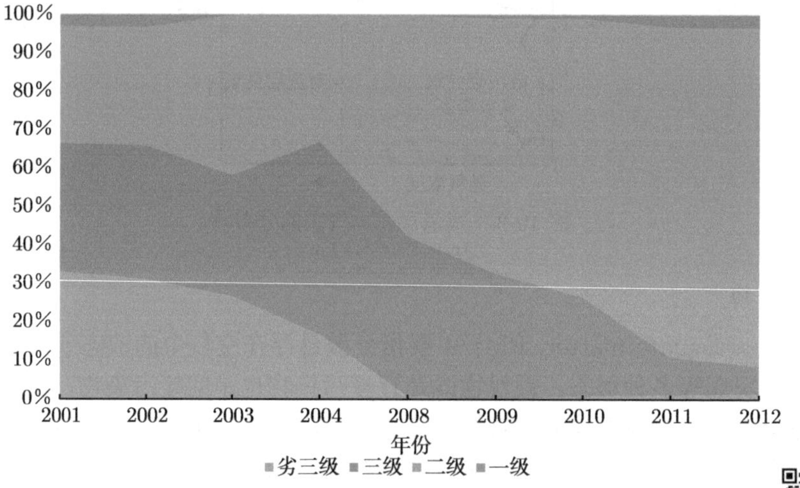

图 10-4　中国 2001~2012 年空气质量变化

扫一扫
看彩图

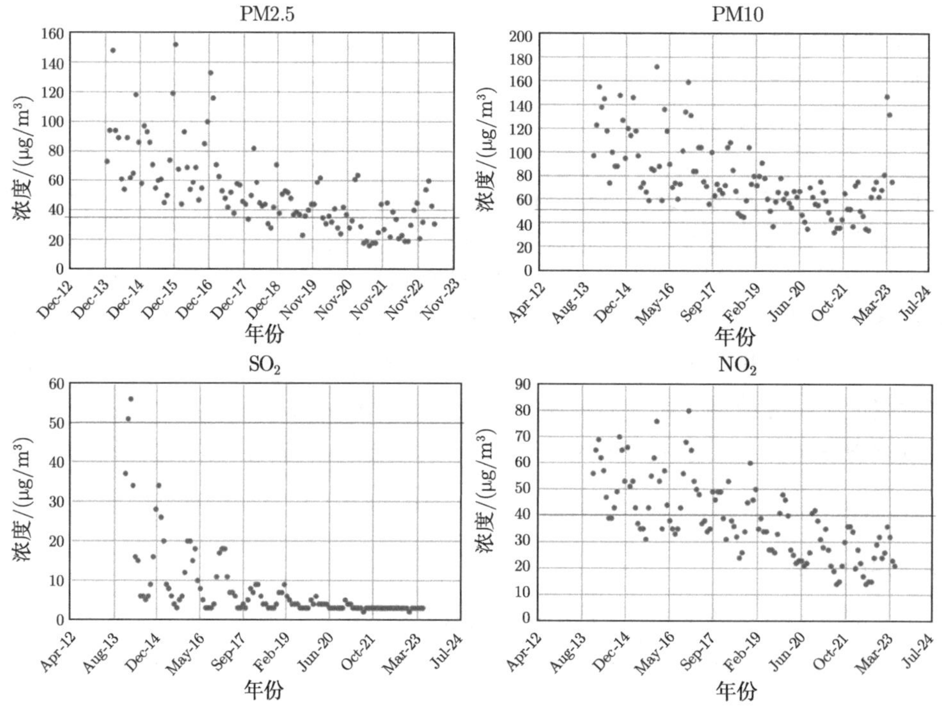

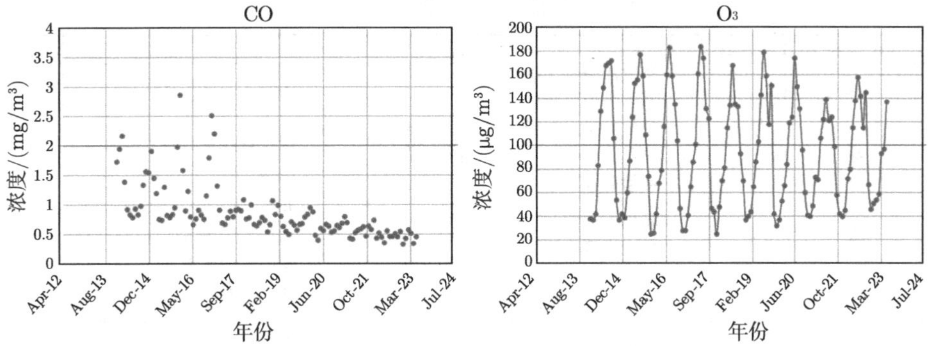

图 10-5 北京市六种主要污染物月均浓度图

扩展阅读 空气质量综合指数

为了方便统计和比较，我国从 2013 年开始将各类污染物的浓度折算成指数，形成了我们日常生活中看到的空气质量指数 (air quality index，AQI)。日报 AQI 数值计算过程中包含二氧化硫、二氧化氮、PM10、一氧化碳、臭氧 (分 1h 平均值和 8h 滑动平均值两个指标) 和 PM2.5 七个空气质量分指数 (individual air quality index，IAQI)，IAQI 可以通过表 10-2 采用插值法计算，AQI 数值等于七个 IAQI 数值的最大值。

表 10-2 中国部分 IAQI 及对应的污染物项目浓度限值 ①

IAQI 数值	污染物项目浓度限值						
	SO_2 /(μg/m³)	NO_2 /(μg/m³)	PM10 /(μg/m³)	CO /(mg/m³)	O_3(1h) /(μg/m³)	O_3(8h) /(μg/m³)	PM2.5 /(μg/m³)
0	0	0	0	0	0	0	0
50	50	40	50	2	160	100	35
100	150	80	150	4	200	160	75
150	475	180	250	14	300	215	115
200	800	280	350	24	400	265	150
300	1600	565	420	36	800	800	250
400	2100	750	500	48	1000	—	350
500	2620	940	600	60	1200	—	500

注：表中 O_3 分为 1h 平均值和 8h 滑动平均值，其他指标为 24h 平均值；O_3 的 8h 滑动平均值超过 800 μg/m³ 后不再计算其 IAQI。

我国根据表 10-3 对 AQI 级别进行划分，并对相应人群提出应对空气污染的建议措施。

① 表格来源：生态环境部生态环境标准：《环境空气质量指数 (AQI) 技术规定 (试行)(HJ 633—2012)》。

表 10-3 中国 AQI 级别划分及相关信息

AQI 数值	AQI 级别	AQI 类别	表示颜色	对健康的影响	建议采取的措施
0~50	一级	优	绿色	空气质量令人满意，基本无空气污染	各类人群可正常活动
51~100	二级	良	黄色	空气质量可接受，但某些污染物可能对极少数异常敏感人群健康有较弱影响	极少数异常敏感人群应减少户外活动
101~150	三级	轻度污染	橙色	易感人群症状有轻度加剧，健康人群出现刺激症状	儿童、老年人，以及心脏病、呼吸系统疾病患者应减少长时间、高强度的户外锻炼
151~200	四级	中度污染	红色	易感人群症状进一步加剧，可能对健康人群心脏、呼吸系统有影响	儿童、老年人，以及心脏病、呼吸系统疾病患者应避免长时间、高强度的户外锻炼，一般人群适量减少户外运动
201~300	五级	重度污染	紫色	心脏病和肺病患者症状显著加剧，运动耐受力降低，健康人群普遍出现症状	儿童、老年人，以及心脏病、呼吸系统疾病患者应停留在室内，停止户外活动，一般人群应避免户外活动
>300	六级	严重污染	褐红色	健康人群运动耐受力降低，有明显强烈症状，提前出现某些疾病	儿童、老年人，以及心脏病、呼吸系统疾病患者应停留在室内，避免体力消耗，一般人群应避免户外活动

第三节 能源与气候变化

一、能源与温室气体排放

(一) 温室气体概况

2019 年，全球人为温室气体排放量约 590 亿 t 二氧化碳当量 (按 100 年时间范围折算不同温室气体的全球变暖潜能值)，其中化石燃料燃烧与工业过程二氧化碳占 64%，此外能源活动也会造成一定的甲烷排放和氧化亚氮排放。总的来说，全球人为温室气体排放中大约有三分之二与化石能源使用相关，因此气候变化与化石能源的使用息息相关。与此同时，在过去的三十年中全球温室气体排放量增长的主要来源是化石能源燃烧导致的二氧化碳排放量增长。

(二) 主要温室气体

能源使用过程中排放的主要温室气体包括二氧化碳、甲烷和氧化亚氮，其涉及的主要能源活动是化石燃料燃烧，以及开采过程中的天然气和瓦斯泄漏。

1. 二氧化碳

二氧化碳是一种无色的化合物，由两个氧原子与一个碳原子组成，相对分子质量为 44，常温常压下以气态形式存在，略溶于水。二氧化碳是地球碳循环的重要媒介，大气中有微量的二氧化碳，当前浓度略高于 400ppm。

二氧化碳是对气候变化贡献最大的人为排放温室气体，其贡献约占 74%。人类活动排放二氧化碳的主要途径是燃烧化石燃料并排放废气 (图 10-6)。虽然薪柴等生物质燃料燃烧时也会排放大量的二氧化碳，但是因为生物质燃料中的碳元素通常是植物通过光合作用从大气中捕获的，因此生物质燃料燃烧释放二氧化碳的过程被认为是一种碳中和过程。除了化石燃料燃烧外，土地利用变化和水泥制造也是人为二氧化碳排放的主要原因。在水泥制造过程中需要煅烧石灰石，这会造成二氧化氮排放，但是在水泥制品老化的过程中也会吸收二氧化碳，其吸收量接近于制造过程中释放量的一半。

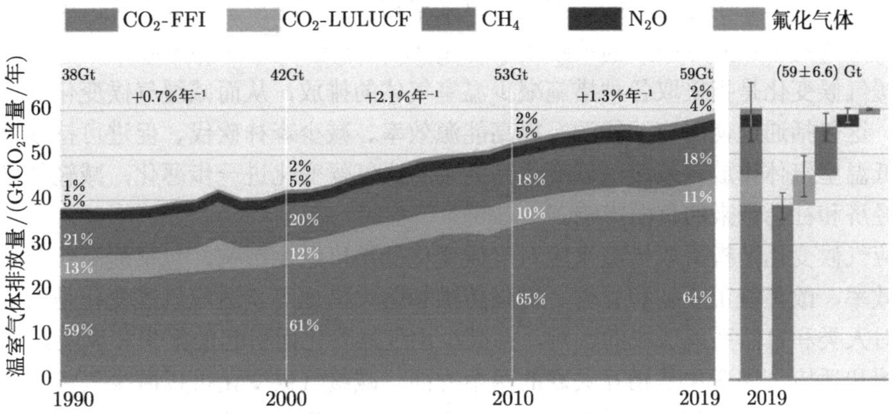

图 10-6　全球 1990~2019 年温室气体排放 ①

注：CO_2-FFI 为化石燃料燃烧与工业过程的二氧化碳排放 (其中化石燃料排放约占 90%)，CO_2-LULUCF 为土地利用、土地利用变化和林业引起的二氧化碳排放。

扫一扫
看彩图

2. 甲烷

甲烷是一种无色无味的化合物，由一个碳原子和四个氢原子组成，相对分子质量是 16，常温常压下以气态形式存在。当前地球大气中甲烷浓度略高于 1900ppb。

甲烷是仅次于二氧化碳的对气候变化贡献第二大的人为排放温室气体，其贡献约占 17%。人类活动排放甲烷的主要途径包括农业生产、垃圾处理、化石燃料活动以及生物质能使用，其中化石燃料燃烧大约造成人为甲烷排放的 30%。在 100 年时间范围内甲烷的全球变暖潜能值为 25，也就是说甲烷对辐射强迫的增强能力是同等质量二氧化碳的 25 倍。在油气田开采以及煤矿开采过程中，有时会产生一些人们无法低成本收集的甲烷，人们通常会通过燃除的方式将其燃烧后转换为二氧化碳和水蒸气排放，从而减少对气候变化的影响。

3. 氧化亚氮

氧化亚氮即一氧化二氮，是一种无色有甜味的化合物，由一个氧原子和两个氮原子组成，相对分子质量是 44。当前地球大气中氧化亚氮浓度略高于 300ppb。

氧化亚氮是对气候变化贡献第三大的人为排放温室气体，其贡献约占 6%。人类活动排放氧化亚氮的主要途径包括农业生产、化石燃料活动、生物质能使用、大气氮沉降等，其中化石能源活动所造成的排放只占 10%~15%。在 100 年时间范围内氧化亚氮的全球变暖潜能值为 298，也就是说氧化亚氮对辐射强迫的增强能力是同等质量二氧化碳的 298 倍。

练习题 温室气体当量计算

2021 年，美国二氧化碳、甲烷及氧化亚氮排放量分别为 500734 万 t、2400 万 t 及 98 万 t，请计算当年美国排放的三种温室气体总量。

① 图片编辑自：Climate Change 2022: Mitigation of Climate Change。

二、应对气候变化

虽然气候变化带来的影响是多方面的而且是复杂的，但已有科学证据认为，气候变化给人类带来的总体影响是不利的，因此应该采取积极的措施应对气候变化。当前，人类应对气候变化的两个主要方向分别是减缓 (mitigation) 和适应 (adaptation)。

减缓气候变化是指采取各种措施减少温室气体的排放，从而减缓气候变化的速度和严重程度。这包括通过使用清洁能源、提高能源效率、减少森林砍伐、促进可持续消费等方式来降低温室气体排放。减缓气候变化是为了防止气候变化进一步恶化，减轻气候变化对环境、经济和社会带来的负面影响。

适应气候变化是指采取措施来应对气候变化的不可避免影响，包括提高农业和水资源管理的效率、改善城市规划和管理、加强防洪和防灾措施等。适应气候变化是为了减轻气候变化对人类和自然系统造成的影响，并减少由气候变化而引起的损失和风险。

减缓和适应气候变化是相互关联的两个方面。减缓气候变化可以减少气候变化带来的影响；同时，适应气候变化可以减轻气候变化带来的损失。全球需要采取综合措施来减缓和适应气候变化，从而保护我们的环境、经济和社会的可持续发展。

作为一个全球性的议题，应对气候变化离不开各国的共同努力，而在呼吁全球民众和各国政府关注气候变化问题并引领气候变化应对合作方面，迄今为止最具影响力的机构是由联合国环境规划署和世界气象组织联合于 1988 年成立的政府间气候变化专门委员会 (Intergovernmental Panel on Climate Change，IPCC)，其主要任务是针对全球气候变化及其可能对自然、社会和经济系统的影响进行全面、公正、独立、开放和透明的科学评估。IPCC 每隔数年就发布一次全球气候变化评估报告，报告内容包括全球气候变化的趋势、原因、影响、可能的风险、适应和减缓措施等方面，是供政策制定者、科学家、企业家和公众等全球范围内关注气候变化的人士共同参考的科学报告，对制定政策、决策和行动方案具有重要意义。

基于 IPCC 所提供的科学证据，1992 年，在巴西里约热内卢召开的联合国环境和发展大会上通过并签署了《联合国气候变化框架公约》(*United Nations Framework Convention on Climate Change*，UNFCCC)，该公约旨在通过国际合作，加强对全球气候变化问题的应对和解决。UNFCCC 的实施机构是缔约方大会 (Conference of the Parties，COP)，由签署公约的各国政府参加。COP 通常每年召开一次会议，旨在审议全球气候变化问题和公约的实施进展。在 UNFCCC 最具标志性的成果包括 1997 年在 COP3 通过的《京都议定书》(*Kyoto Protocol*)(2005 年开始生效) 及 2015 年在 COP21 通过的《巴黎协定》(*Paris Agreement*)(2016 年开始生效)。

扩展阅读 应对气候变化与代际公平

气候变化本身是一个长时期的、历史积累的结果，同时应对气候变化的行动也需要经历数代人的共同努力，因此在应对气候变化的过程中自然会涉及代际责任或者代际投入分配的代际公平讨论。从经济学角度看，应对气候变化的代际公平问题实际上是对贴现率的主观判断问题。贴现率是指未来的财富相对当前而言的价值折损，它反映了后代的福利在今天的决策中所占的分量。较高的贴现率意味着当代人利益所占的分量较大 (因此减排更多是后代的责任)，而较低的贴现率则给后代利益较大的分量 (因此当代应当为减排付出更多努力)。

在应对气候变化决策中支持低贴现率的代表人物是尼古拉斯 · 斯特恩 (Nicholas Stern) 爵士，这位前世界银行首席经济师、英国经济学家在 2006 年发布的《斯特恩报告》(*The Stern Report*) 中将贴现率设定在 1.4%这个较低的水平。

而支持高贴现率的代表人物是威廉 · 诺德豪斯 (William D. Nordhaus)，他在他的著作《气候赌场》(*The Climate Casino*) 中强调，较低的贴现率——即短期内开始采取行动会带来沉重的经济负担。他认为，贴现率应由资金的机会成本来决定，即减排温室气体之外其他的投资选择可能带来的回报率。在关于美国的计算中，他将贴现率设定在 4%的水平，而对于发展中国家这一数字将更高。

事实上，我们究竟应该使用较高还是较低的贴现率，这个问题并没有所谓正确的答案，因为这不是一个经济学问题，而是关乎道德问题的争论。

关键术语

外部性
空气污染
颗粒物
气溶胶
硫氧化物
氮氧化物
一氧化碳
臭氧
空气质量指数
气候变化
温室气体
二氧化碳
甲烷
氧化亚氮
土地利用、土地利用变化与林业
政府间气候变化专门委员会 (IPCC)
《联合国气候变化框架公约》(UNFCCC)
《京都议定书》(*Kyoto Protocol*)

第十一章　能源与碳减排的项目成本分析

本 章 提 要

- 贴现是指将未来的价值折算成现值，贴现率是未来价值折算为当前价值使用的比率系数。
- 对于时间跨度较长的大型工程，贴现率对于项目成本收益分析十分重要。
- 贴现产生的原因包括时间偏好、不确定性与机会成本。
- 贴现率的确定是一种相对主观的预期，其大小是由决策主体的价值观、风险约束以及其他因素所决定的。
- 平准化成本是项目生命周期内单位产出的平均成本，度电成本是最常用的平准化成本指标之一。
- 减排成本是指采用新技术后减少单位污染物或温室气体排放量所引发的成本变化。
- 减排成本曲线为碳减排技术的选择提供整体视角的支撑。
- 温室气体减排的实际政策制定过程中，除了减排成本外，还需要考虑政策可推行性、组织惰性和立法效率等问题。

第一节　贴现与贴现率

一、概念及产生原因

在跨期经济分析中，通常需要考虑未来的成本和收益放在当期的价值，这时候需要使用到“贴现 (discount)”的概念。贴现是指将未来的价值折算成现值，贴现率 (discount rate) 是指将未来价值折算为当前价值使用的比率系数。

以核算未来多个时期的碳排放产生的总社会成本为例，假设未来第 i 期碳排放的社会成本为 C_i，每期贴现率固定为 r，则未来 n 期碳排放总社会成本的现值 C_{c} 满足：

$$C_{\mathrm{c}}=\frac{C_1}{1+r}+\frac{C_2}{(1+r)^2}+\cdots+\frac{C_i}{(1+r)^i}+\cdots+\frac{C_n}{(1+r)^n}$$

在排除通货膨胀因素外，贴现的产生还有三个主要原因。第一个原因是人们存在纯粹的享乐时间偏好。从经济学角度解释，时间偏好是指对于相同的消费，行为主体总是偏好现在甚于将来。人总是倾向于立刻消费立刻享受，如果投资人放弃了当期的享受而投资于一项事业，那么就需要获得额外的回报。因此，资金就具有了时间价值。对于能源来说，更强的时间偏好使得未来能源库存的现值更低，因此人们会倾向于在当下更快地消耗能源，导致节约能源对于人们来说不那么具有吸引力。

第二个原因是未来存在不确定性。大多数人都是厌恶风险的，而未来的收益和成本都存在不确定性，也就是具有风险的，因而贴现其实也是对于不确定性成本的一种反映。

第三个原因是资源占用具有机会成本。机会成本是指将一定资源用于特定目的而失去的把这些资源用于其他目的可以获取的最大收益。当机会成本高时，未来的收益在当期就会显得不那么吸引人，也就会产生较高的贴现率。

综上所述，由于时间偏好、不确定性与机会成本的存在，未来的财富和今天的财富具有不同的价值。为了将未来的成本和现在的成本能够放在同一时点进行比较，就需要借助贴现率进行调整。同样地，对于未来可能会产生的多期成本或多期收益，也需要通过贴现来让不同时间点的成本或收益可以进行比较和计算，并通过计算结果来做出决策。

二、贴现率的确定

对于时间跨度较长的大型工程而言，贴现率的高低对于项目成本收益分析十分重要。在很多能源与碳减排工程中，成本主要发生在最初的几年建设期内，而收益则会在未来数十年逐渐获得，因此较高的贴现率会导致未来收益的价值减少，或者当前成本的重要性增加。由于贴现率的长期细微变化会很大程度地影响现值，因此贴现率的高低极大地影响对项目可盈利性的判断 (图 11-1)。

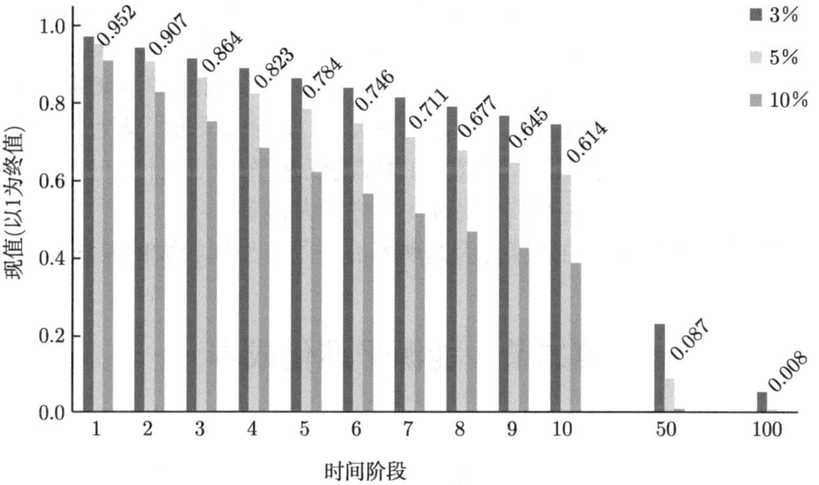

图 11-1　贴现率对现值的影响

扫一扫
看彩图

贴现带来的一个问题是，我们在能源与碳减排项目的经济分析当中 (特别是涉及非市场定价的外部性成本时) 究竟应该选择多高的贴现率呢？事实上，面对某一经济活动中的长期成本，我们一般很难确定一个“正确”的贴现率。贴现率的确定是一种相对主观的预期，其大小是由决策主体的价值观、风险约束以及其他因素所决定的。以风险约束为例，决策主体面临的风险或不确定性越小，可接受的贴现率越低。例如对于个人、家庭、企业和政府这四个决策主体来说，通常个人会面临着最高的不确定性，因而贴现率最高；而政府面临着最低的不确定性，因而贴现率最低。

结合实际来看，一方面贴现率的大小具有一定的主观性，不同的决策主体面临的贴现率可能并不相同；另一方面，远期贴现率对现值的估算影响非常大。因此对长期环境成本进行核算时，贴现率的确定通常富有争议。例如 2016 年奥巴马执政时期，美国核算的碳排放社会成本为 45 美元/t；至 2020 年特朗普执政时期，该成本下调至 7 美元/t。上述碳排放社会成本核算结果波动之大，主要是因为两届政府采用了差异极大的贴现率。

扩展阅读 碳排放社会成本与贴现率

碳排放社会成本 (social cost of carbon, SCC) 是现在与未来增加碳排放所造成的经济损失的现值，通常以额外排放单位温室气体 (例如 1t 二氧化碳当量) 导致的经济福利贴现值变化来衡量。碳排放社会成本目前已成为气候变化政策中使用的核心工具，特别是在确定涉及温室气体排放的监管政策时。碳排放社会成本的估计涉及碳排放、碳循环和气候变化的全方位影响。

经济学家诺德豪斯利用气候和经济的动态综合模型 (DICE 模型) 估算了碳排放社会成本。诺德豪斯对全球不同地区的碳排放的社会成本均进行了估算，同时他也说明了贴现率的大小对于碳排放社会成本估算所产生的影响。DICE 模型使用了修正后的贴现率，该贴现率等于商品贴现率减去消费增长率。总体来说，诺德豪斯在计算碳排放社会成本时采用的是一个相对较高的贴现率，根据他的研究估计，以 2010 年美元汇率核算的全球截至 2015 年的碳排放社会成本约为每吨二氧化碳 31 美元。

但不同经济学家的估算结果则可能差异很大，例如英国经济学家斯特恩认为，气候变化是有史以来最严重、范围最广的市场失灵。《斯特恩报告》认为，为了从道德层面为后代进行考虑，应当将贴现率设置在 1.4%的低水平，从而计算出，碳排放社会成本以及气候变化对 GDP 产生的影响比过往研究要大得多。

因此，碳排放社会成本的估算会因贴现率的不同而呈现较大的差异。

第二节　能源平准化成本

一、概念与计算

平准化成本 (levelized cost) 是项目生命周期内单位产出的平均成本。在计算和对比不同能源项目的平准化成本时，既可以通过将非平均化成本 (例如固定成本) 利用贴现率分摊到每一个时期来获得单位产出平准化成本，也可以通过将所有成本和产出都贴现到现值来进行处理。当项目年均产能及可变成本相对固定时，采用前一种方法计算平准化成本会更加简单。例如，每年的贴现率为 r，项目的初始固定成本为 F，则每年分摊的固定成本

$$S=\frac{r}{1-\left(\dfrac{1}{1+r}\right)^{n}}\cdot F$$

若项目的年度产出为 T，单位产出可变成本为 v，则其产品的平准化成本

$$C_{\mathrm{l}}=\frac{S}{T}+v$$

在分析和使用平准化成本时，需要注意以下几点：① 平准化成本只是生产成本的平均，和价格不同，不必然反映产出的交易价值；② 通常标准数据库中提供的平准化成本不包含

产出的外部性，因此，如果希望计算完全成本，则应当在平准化成本基础上额外加上外部性成本；③ 平准化成本采用简单化的指数贴现，因此贴现率的选择对平准化成本有巨大影响；④ 平准化成本是静态分析，不能反映存在选择权的价值，无法体现项目运行过程中的风险和不确定性；⑤ 通常平准化成本只影响投资决策，但不影响运营决策，运营决策受可变成本影响。

练习题 电动汽车的平准化使用成本

假如一辆价格为 160000 元的电动汽车，每年的维修费用为 3000 元，汽车能效为 15kW·h/100km，使用频率为 20000km/年，电价为 0.5 元/(kW·h)，其他使用成本为 0.1 元/km，汽车的使用周期为 10 年，以 5%的贴现率计算该汽车的平准化使用成本。

二、度电成本

平准化成本的一个最常见应用是在电力工程项目规划中计算发电成本，该成本称为平准化度电成本 (levelized cost of electricity，LCOE)，简称度电成本。度电成本通常用于投资计划，能在一致的基础上比较采用不同发电技术的成本差异，从而为项目选择提供基础。通常用于估计度电成本的参数包括系统价格、使用寿命、燃料成本、容量因子、发电能耗、固定与可变运营和维护成本、资本成本、税费与补贴等。美国 2020 年新建发电项目的度电成本见表 11-1。

表 11-1 美国 2020 年新建发电项目的度电成本 (单位：美元/(MW·h))

	最低	平均	最高
太阳能热发电	174	240	383
近海风电	170	197	270
天然气：常规汽轮机	107	142	156
太阳能光伏发电	98	125	193
整体煤气化联合循环 (IGCC)	106	116	136
生物能	90	101	117
先进核发电	92	95	101
传统煤电	87	95	119
水电	69	84	107
陆地风电	66	74	82
天然气：先进燃气轮机	69	73	82
地热能	44	48	52

第三节 碳减排成本

一、概念与计算

减排成本 (cost of emission reduction) 是指采用新技术后减少单位污染物或温室气体排放量所引发的成本变化。不同碳减排技术的减排成本比较可以帮助我们选择最低成本的技术路线，而碳排放的社会成本和减排成本比较则可以帮助我们确定全社会是否实现了有效率的减排行动。

以新能源技术的碳减排成本计算为例，假设选择新能源的成本为 C_{n}，选择传统能源的成本 C_{t}，选择新能源的温室气体排放量为 P_{n}，选择传统能源的温室气体排放量为 P_{t}，则采用新能源技术的碳减排成本为 $\dfrac{C_n - C_t}{P_t - P_n}$。

练习题 风力发电厂碳的减排成本

假设燃煤发电是当前主流的发电技术，建设新燃煤电厂的度电成本为 0.3 元，每发一度电通过燃料燃烧会造成 1kg 的二氧化碳排放。如果采用风力发电，其度电成本提高到 0.5 元，并且不会产生二氧化碳排放。请计算用风力发电替代燃煤发电的碳减排成本。

二、碳减排成本曲线

将不同技术手段的碳减排潜力 (完全推行该技术可以实现的温室气体减排总量) 以及减排成本按照后者从低到高排列可以绘制出简洁明了的碳减排成本曲线 (greenhouse gas abatement cost curve)，从而为碳减排技术的选择提供整体视角的支撑。McKinsey & Company 于 2013 年发布了到 2030 年全球减排成本曲线图，如图 11-2 所示。在该图中，每类技术所对应的横坐标跨度反映了该类技术减排开发潜力的大小，例如地热能开发对应的横坐标宽度较小，其减排潜力小；而核能开发对应的横坐标宽度较大，表示其开发潜力大。纵坐标轴数值则反映了对应技术的减排成本，当减排成本为负时 (例如将家用白炽灯更换为 LED 灯)，表示使用新技术代替旧有技术在减少碳排放的同时降低了成本，这样“一举两得”的行为具有市场自发推广潜力；当减排成本为正时 (例如燃煤电厂采用碳捕获与封存技术)，表示使用新技术减少碳排放会导致成本提升，显然成本提升意味着企业难以自主去使用此类技术，政府想要推广对应的技术便需要行政管制或者财政支持。

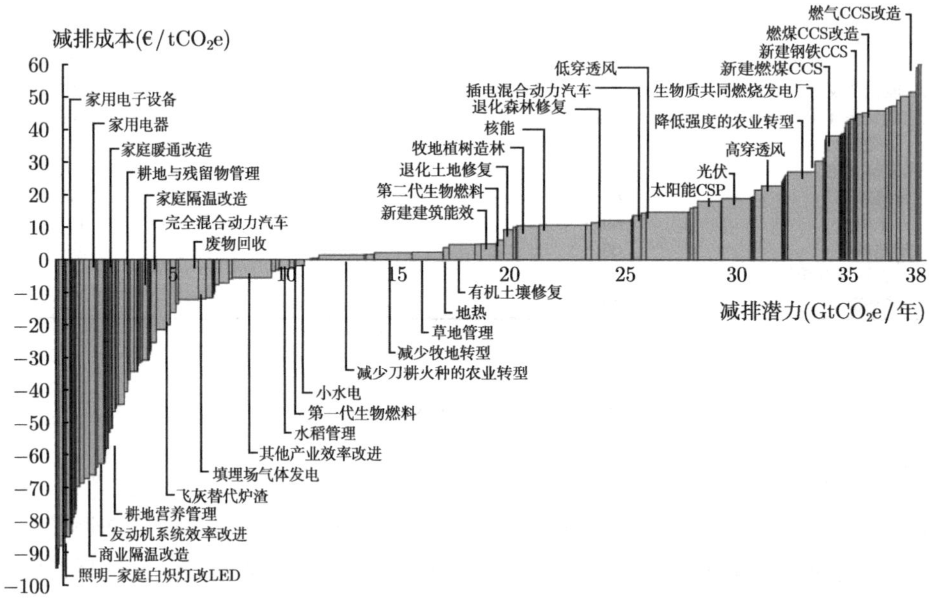

图 11-2　基准情景下到 2030 年全球减排成本曲线 ①

① 图片来源：McKinsey & Company，2013. Pathways to a low-carbon economy: Version 2 of the global greenhouse gas abatement cost curve。

碳减排成本曲线的绘制能够带给政策制定者一个启示：执行减排计划时，按照减排曲线从低到高依次选择减排技术可以使得减排成本最小化，并且可以针对不同技术采用不同的激励手段。在现实中，我们可以对一个国家、一个行业，甚至一个企业绘制其减排成本曲线，从而帮助决策者对其减排技术进行选择。

三、减排政策设计的其他问题

当决策者依据减排成本曲线依次推广温室气体减排措施时，低成本的减排方式 (即“低垂的果实”) 的潜力将首先实现，进一步减排有更高的技术要求，减排成本不断提高。然而由于不同国家的发展阶段、减排力度、技术水平等存在差异，环境规制较为严格的国家通常已经较充分使用了低成本减排技术，因此当前面临着较高的边际减排成本，而环境规制相对不严格的国家，其减排边际成本通常则较低。此时从全球尺度来看，在环境规制相对不严格的国家 (通常是较落后的发展中国家) 实施减排技术是更具有效率的。

在实践过程中，减排责任和发展权利的权衡，是发达国家和发展中国家进行温室气体减排合作过程中的讨论焦点。其中一种可行策略是由发达国家提供资金支持发展中国家实施减排技术，例如《京都议定书》中的清洁发展机制 (clean development mechanism，CDM) 就是这种策略的实现形式。

扩展阅读 应对气候变化的国际合作计划——《京都议定书》

1997 年，在日本京都召开的《联合国气候变化框架公约》第三次缔约方大会上通过的公约为各国的二氧化碳排放量规定了标准，即在 2008~2012 年间，全球主要工业国家的二氧化碳排放量比 1990 年要低 5.2%。其目标是“将大气中的温室气体水平稳定在一个适当的水平，进而防止剧烈的气候改变对人类造成伤害”。

各国政府对于本公约的态度并不一致，甚至同一国家在不同的历史阶段也表现出不同的态度。欧盟一直是《京都议定书》的主要支持者，并一直致力于说服那些立场摇摆的国家加入条约。美国和加拿大两国原先都是《京都议定书》的成员国，但先后于 2001 年和 2011 年正式退出该条约。其中，出现矛盾的主要原因，一方面在于碳减排会限制一国的经济发展，另一方面是条约中规定的“共同但有区别责任”(common but differentiated responsibilities) 原则。支持的观点认为：①无论从历史上还是从现在来看，发达国家都是主要的温室气体排放国；②发展中国家的人均排放量还是很低的；③发展中国家的排放控制应该和他们的社会发展水平相适应。反对的观点认为，企图减少碳排放，将会增加世界上的贫困人口，减少贫困国家致富的可能性，是不道德的，它或者会延缓世界的工业化民主进程，或者会把财富以“全球社会主义”向第三世界国家转移。

2005 年 2 月 16 日，《京都议定书》正式生效。这是人类历史上首次以法规的形式限制温室气体排放。为了促进各国完成温室气体减排目标，议定书允许采取以下四种减排方式。

(1) 两个发达国家之间可以进行排放额度买卖的“排放权交易”，即难以完成削减任务的国家，可以花钱从超额完成任务的国家买进超出的额度。

(2) 以“净排放量”计算温室气体排放量，即从本国实际排放量中扣除森林所吸收的二氧化碳的数量。

(3) 可以采用清洁发展机制，促使发达国家和发展中国家共同减排温室气体。

(4) 可以采用“集团方式”，即欧盟内部的许多国家可视为一个整体，采取有的国家削减、有的国家增加的方法，在总体上完成减排任务。

作为人类历史上首部具有法律约束力的全球减排协议，《京都议定书》以量化目标、市场机制与责任共担框架，为全球气候治理开辟了制度化路径。但随着国际气候格局的深刻演变，该协议在覆盖范围、灵活性等方面逐渐显露出局限性。自 2016 年《巴黎协定》(*Paris Agreement*) 正式生效后，其更包容的“国家自主贡献”机制与动态目标调整框架，逐步成为全球气候治理的核心机制。

当然，温室气体减排的实际政策制定过程中，除了减排成本外，还需要考虑政策可推行性、组织惰性和立法效率等问题。例如，在减排政策推行过程中应该充分考虑企业或民众的意愿，使企业或民众积极接受减排政策；而在减排政策设计过程中，应该考虑如何减少组织惰性，使政策既能够落实，又具有可调节性；最后，减排政策需要相配套的法律法规来确保减排政策的落实到位。

关 键 术 语

贴现
贴现率
时间偏好
不确定性
机会成本
成本收益分析
碳排放社会成本
平准化成本
度电成本
减排成本
碳减排成本曲线

第十二章 能源与碳经济

本章提要

■ 人类文明的每一次重大进步都伴随着能源技术的改进和更替。

■ 工业革命以来，随着技术的变革与推广应用，全球能源使用量快速增长，而且能源结构也发生了急剧的变化 (图 12-1 及图 12-2)。

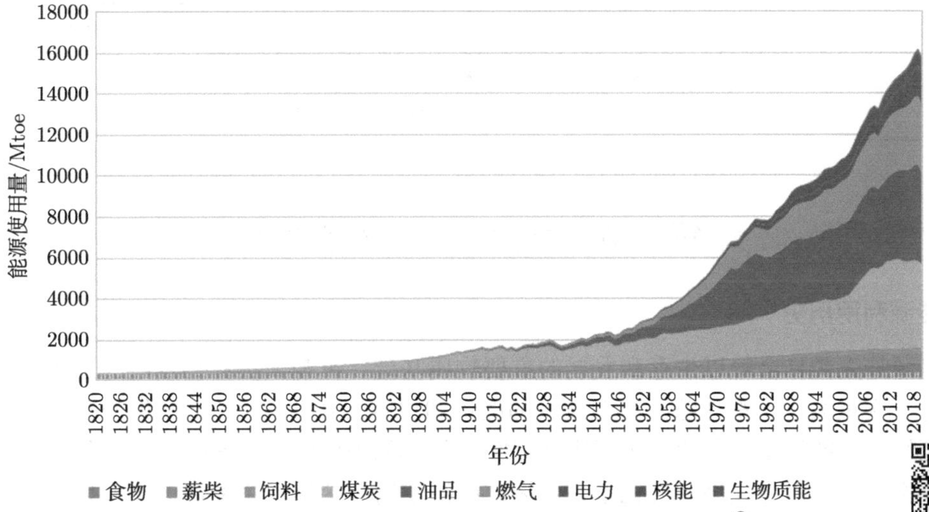

图 12-1　世界 1820~2018 年一次能源使用量及结构 ①

扫一扫
看彩图

■ 在能源利用推动社会经济快速发展的同时，能源不平等问题也日益凸显。

■ 2020 年，石油、煤炭、天然气三种化石能源共占到世界一次能源供应总量 80.3%。

■ 碳市场是以温室气体排放配额或减排量作为资产标的进行公开市场交易的市场。

■ 由于资源分布、运输便利性和运输成本差异，各主要的能源品种参与国际贸易的程度不同，2022 年用于国际贸易的石油、石油产品、天然气、煤炭和电力分别占其产量的 51.3%、23.3%、29.9%、19.6%和 2.9%。

■ 2024 年，我国整体能源自给率为 84.4%。近年我国煤炭、石油和天然气的对外依存度分别为 10%、70%和 40%左右。

---

① 数据来源：Malanima, WEC World Energy Consumption. A Database 1820-2020. 链接：https://histecon.fas.harvard.edu/energyhistory/DATABASE% 20World%20Energy%20Consumption(MALANIMA).pdf，最后访问于 2025 年 4 月 2 日。

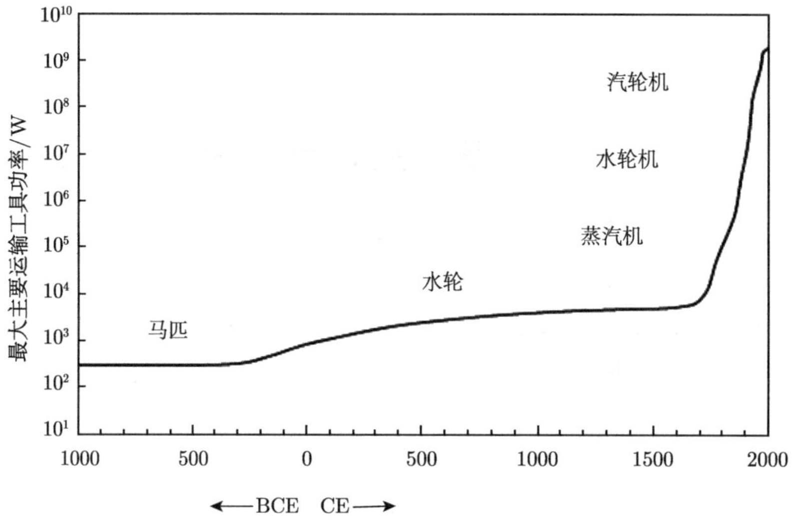

图 12-2　过去 3000 年最大功率的移动工具中的动力来源①

第一节　能源利用与社会发展

一、能源利用历史

能源是人类社会赖以生存和发展的重要物质基础。纵观人类社会发展的历史，人类文明的每一次重大进步都伴随着能源技术的改进和更替。在 19 世纪之前的一千年左右，世界能源结构和能源使用量的变化都非常缓慢，这一阶段生物质能是人们使用的最重要能源。而且，由于人均能源使用量变化不大，因此能源使用量的增长主要归因于人口增长。工业革命以来，随着技术的变革与推广应用，全球能源使用量快速增长，而且能源结构也发生了急剧的变化。

人类对化石燃料的发现和使用大大增加了能源消耗，与过去相比，同等面积的土地上能够承载更多的人，使得人口快速上升。回望历史，蒸汽机的使用极大地提高了人类使用的移动工具的功率和效率，例如，若蒸汽火车能够代替马车将货物运送到城市，那么原本用来养马的土地就可以用来种粮食，为更多的人供给食物。人类社会在此过程中不断壮大、加速变革，社会变革和人口增长的双重作用又推动了生产技术的提高与创新，进一步提升能源使用量。

二、当代能源利用

除了能源利用量的增加外，能源利用技术的进步和能源结构的变化也对社会发展起到至关重要的作用。相比于数百年前，今天能源结构最大的变化就是我们已经不再依靠生物质能作为全球能源系统的主要驱动力。在一次能源供应方面，石油、煤炭和天然气成为人

① Smil V. Energy in World History. http://vaclavsmil.com/wp-content/uploads/docs/smil-article-2004world-history-energy.pdf。

类最重要的能量来源；而在终端能源使用方面，石油产品、电力和天然气则是最重要的能源品种。

相比于其他能源，电能给人类活动带来了便利性、高效性和精确性的极大提升，从而对当代社会发展产生了更加巨大的影响。随着时间的推移，我们使用电能的比例——即电气化程度在持续提高。1990 年，电力使用约占终端能源总使用量的 13.5%，而发展至 2020 年这一数字已上升到超过 20.5%(图 12-3)。

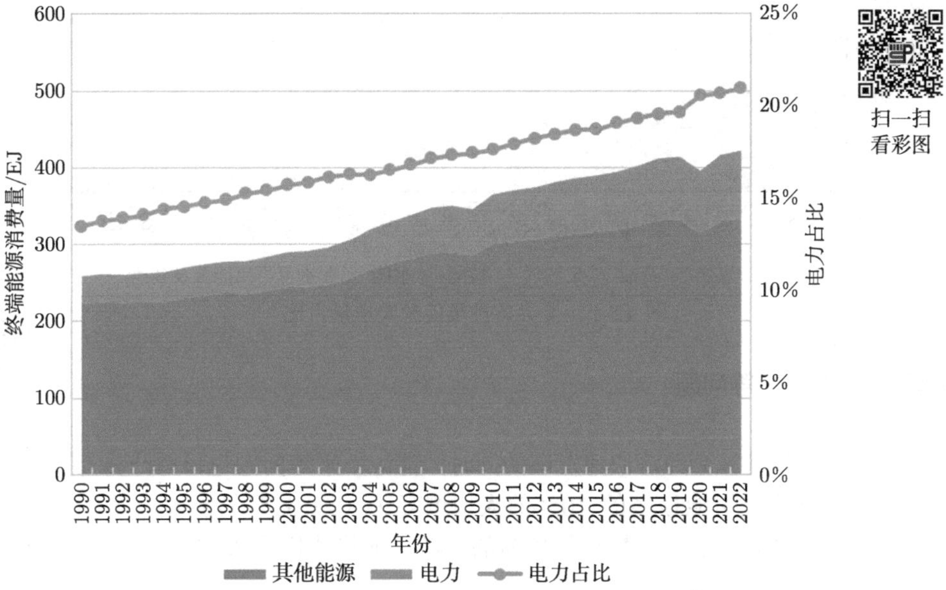

图 12-3 世界电力使用占终端能源的比例 ①

由于自然界中存在的电力 (例如雷电、静电) 难以直接利用，因此人类大规模使用的电力都是通过其他一次能源转换而来的。在过去的半个世纪中，煤炭发电一直是人类使用电力的主要来源，占比在 35%～41%。石油和水力发电的份额则逐渐下降，其中石油发电所占份额从 1971 年的 20.1%下降到 2020 年的 2.5%。天然气发电份额则自 20 世纪 70 年代中后期的不足 12%上升至 2020 年的接近 24%。最为戏剧性的变化来自核电，20 世纪 70 年代初核电的突然增长替代了石油发电，造成这种情况的部分原因是 1973 年爆发的第一次石油危机使得石油价格突然上涨，人们发现使用石油发电不再经济。然而，核电在全球的繁荣发展未能长期延续，受到 1986 年切尔诺贝利核事故的影响，人们重新审视核能的发展。在 20 世纪 90 年代以后，核电发展高峰期时兴建的老旧核电机组开始进入报废期但新建核电机组不足，核能发电占比达峰后逐渐下降。自进入 21 世纪以来，受气候变化和环境压力的影响，太阳能、风能等可再生能源发电的重要性日益提高，其增长速度不容小觑，有潜力成为未来发电量增长的主要推动力 (图 12-4)。

① 数据来源：IEA。链接:https://www.iea.org/data-and-statistics，最后访问于 2025 年 4 月 2 日。本章能源数据，如无特殊说明，均来自 IEA。

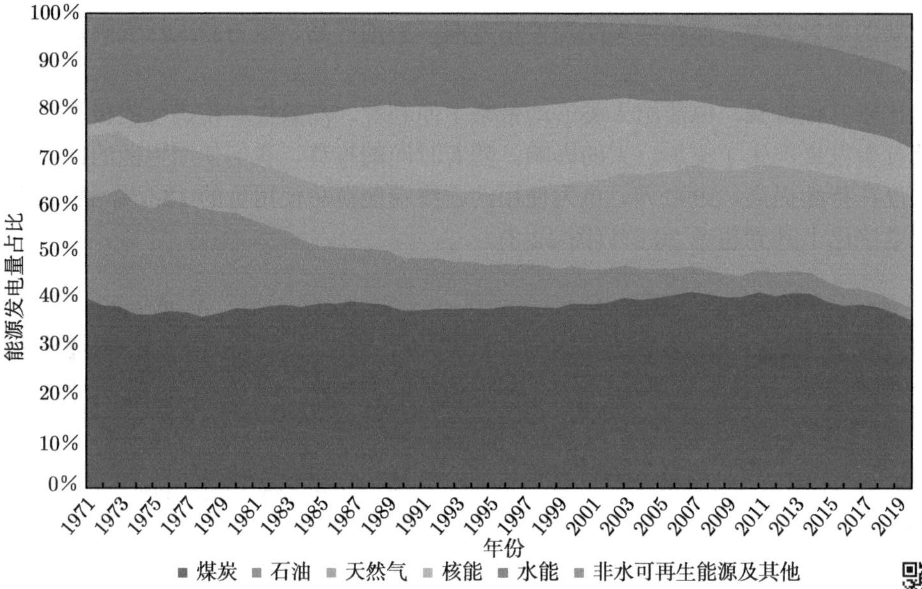

图 12-4　世界各种类能源发电量占比

扫一扫
看彩图

扩展阅读 1 能源不平等问题

在能源利用推动社会经济快速发展的同时，能源不平等问题也日益凸显 (图 12-5)。在 2021 年，世界上用能最多的 10%的人口消耗了大约 35%的能源，而与之相对应的用能最少的 50%的人口只消耗了 13%的能源。如果我们用人类发展指数 (HDI) 来

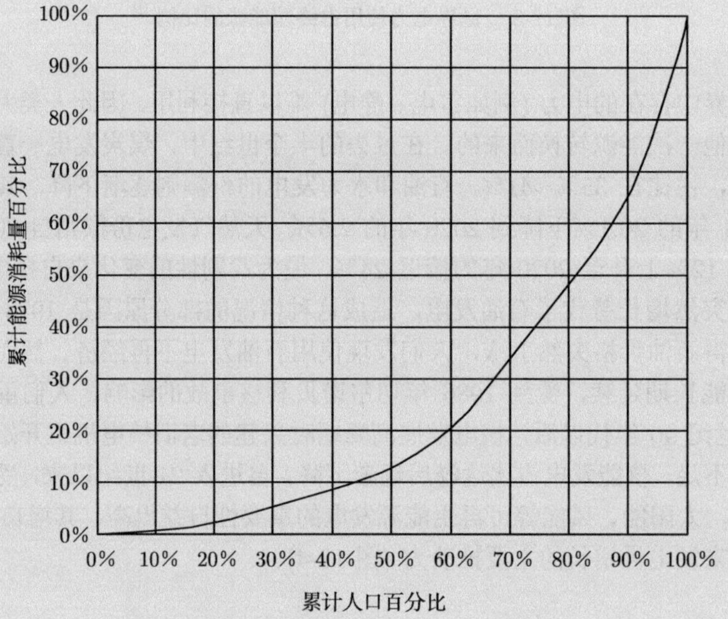

图 12-5　全球能源消费洛伦兹曲线图

代表居民福利水平的话，可以发现当人均能源消费量较低时，能源消费量的提高与福利水平具有显著的正相关关系，但是当人均能源消费量已经比较高时 (例如超过 200GJ 每人每年后)，继续增加能源消费并不会显著增加人们的福利水平 (图 12-6)。从这个角度看，缓解能源不平等性的举措能够在不增加能源使用量 (以及伴随而来的环境和气候变化影响) 的同时增进人类的整体福祉。

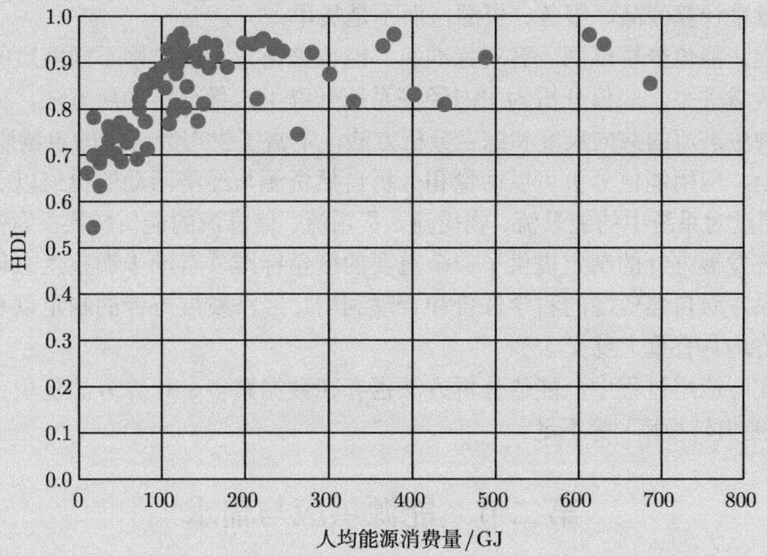

图 12-6 人类发展指数与人均能源消费关系图

扩展阅读 2 基于能量视角的价值衡量——能值

在现实经济中，人们通常采用货币来衡量价值。使用货币来衡量价值的其中一个问题是，货币本身的价值是可变的，因而不是一个稳定客观的价值标尺 (虽然人们尝试采用某一时刻的货币价值作为价值标尺，但由于货币的持续流通性和价值结构变化的复杂性，这种处理方式容易引起偏误和混乱)。

那么什么可以作为稳定客观的价值标尺呢？从能量描述了物质世界 (包括社会经济运行) 的做功能力这一事实出发，能量似乎最有可能成为客观的价值标尺。用能量来衡量价值这一领域最具有代表性的研究是由美国著名生态学家 H. T. 奥德姆 (H.T.Odum) 创立的能值 (emergy) 理论和相应的研究方法。从 20 世纪 50 年代开始，H. T. 奥德姆对生态系统的能量流动进行了长期研究，于 20 世纪 80 年代后期创立了能值等概念及相关理论方法。

能值的定义是一种流动或储存的能量中所包含的另一种类别能量的数量。进一步说，一种产品或劳务形成过程中直接和间接投入应用的有效能量的总和，就是其所具有的能值。

在生态经济系统中，能流从量多而能值低的等级 (如太阳能) 向量少而能值高的等级 (如经济产品) 流动和转化。具有低能值的能量，如太阳能、风能、雨能等，经传递与转换而成为高能值的能量，维持人类的生存活动。能量流动过程中，可用能量减少而能量的质量却增加了，低质量的能量通过相互作用和做功的形式转化为高质量的能量形式。转化成新型的小部分能量的载体体现了这一过程中所使用的大量的低质能量，这就是能值的积聚过程。

能值方法是连接生态学和经济学的桥梁，也是系统生态学研究的重要工具。能值分析方法可以用于综合估算生态经济效益。能值分析和经济分析的不同点在于它是以能值的数量来计算商品、服务、资源，而不是货币。

理论上，能值分析以同一客观标准——能值来衡量不同类别不同能质的能量的真实价值和数量关系。能值分析为生态经济系统开辟了定量分析的新方法，提供了衡量和比较各种生态流的共同尺度和综合分析方法，丰富了生态经济学的定量研究方法。

实践上，应用能值分析可以衡量和分析自然资源与经济活动的价值以及它们之间的关系，通过对系统中的能量流、物质流、货币流、信息流的能值转换，为资源的合理利用、经济发展方针的制定提供了一个重要的度量标准，有助于调整生态环境与经济发展的关系，对自然资源的科学评价和合理利用，经济发展方针的制定以及实施可持续发展战略均具有重大意义。

但在实际应用过程中，能值分析方法也存在数据繁多、计算方法复杂、缺乏精度(尤其针对能值转换率) 等不足。

第二节 能源供应与需求

一、能源供应

1971 年以来，全球一次能源供应总量 (total primary energy supply，TPES) 保持上升趋势 (图 12-7)。从结构来看，经过 20 世纪 70 年代两次石油危机，20 世纪 80 年代开始，石油占比持续下降，再加上人们对环境重视程度的提高，石油占比从 1980 年的 43.6%下降到 2020 年的 29.8%，下降的份额主要由天然气和其他可再生能源替代，但其仍然是当前世界第一大能源。2020 年，石油、煤炭、天然气三种化石能源共占到世界一次能源供应总量的 80.3%。

根据《中国能源统计年鉴》，1980 年以来，中国能源生产量总体保持增长趋势，2022 年达到 41.3 亿 t 标准煤 (折合 121EJ)(图 12-8)。从结构来看，原煤始终是中国产量最大的一次能源，作为第二大能源的原油由于受到资源禀赋的约束而产量难以突破，近年来天然气产量快速上升并成为第三大能源，此外水能和其他能源 (主要包括太阳能和风能) 产量也在快速增长。

二、能源需求

(一) 一次能源需求

在忽略库存变化时，全球一次能源供应量同时也反映出需求量：同理，全球一次能源供应结构同样也反映出需求结构。但对单个国家而言，既有可能因为自身资源不足而需要从外国进口能源，也有可能因为能源生产具有明显比较优势而向外国出口能源，从而导致一次能源的供给与需求的不一致。

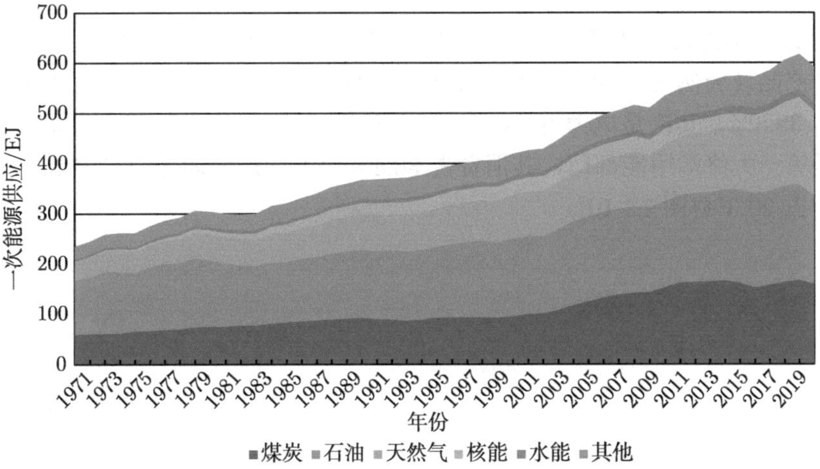

扫一扫
看彩图

图 12-7 1971~2020 年全球一次能源供应

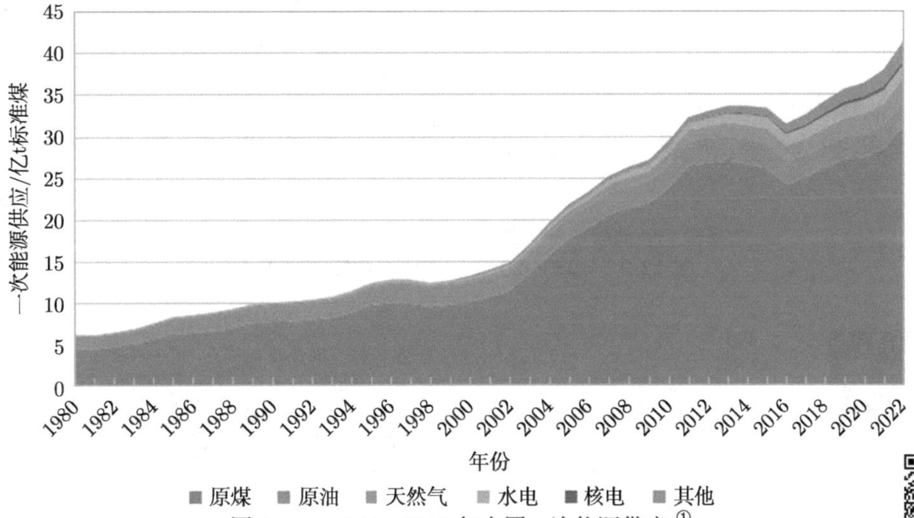

图 12-8 1980~2022 年中国一次能源供应 ①

扫一扫
看彩图

以中国为例，2022 年一次能源需求量达到 49.0 亿 t 标准煤 (折合 143EJ)，为本国一次能源生产量的 1.19 倍 (图 12-9)。从需求结构看，煤炭是中国最主要的一次能源，2022 年占比达 61.8%，其次为石油和天然气，占比分别为 19.9%和 9.3% 。

(二) 终端能源需求

人们将可以通过用能设备 (例如内燃机、燃气灶、电暖器等) 直接供消费使用的能源称为终端能源。有些一次能源 (例如天然气和煤炭) 在生产过程中经过简单提纯或清洗筛选便可作为终端能源使用；而另外一些一次能源 (例如原油) 需要经过较复杂的加工转换过程后才能作为二次终端能源使用，而且在加工转换过程中还可能导致显著的能量损耗。因此，对终端能源的需求量以及需求结构，都和一次能源有较大差别。

① 数据来源：《中国能源统计年鉴 2024》。

2022 年，全球终端能源消费量达到 422EJ(其中包括非能源使用量 41EJ，主要是用作化工原料的石油产品及天然气)。从能源品种角度看，石油及石油制品是第一大终端能源品种，其消费量占 39.8%，其次是电力占 21.0%，第三是天然气占 16.8%。从用能部门角度看，工业部门是第一大终端用能部门，其消费占 30.4%，其次是交通部门，占 27.8%，第三是居民部门，占 20.3%(图 12-10)。

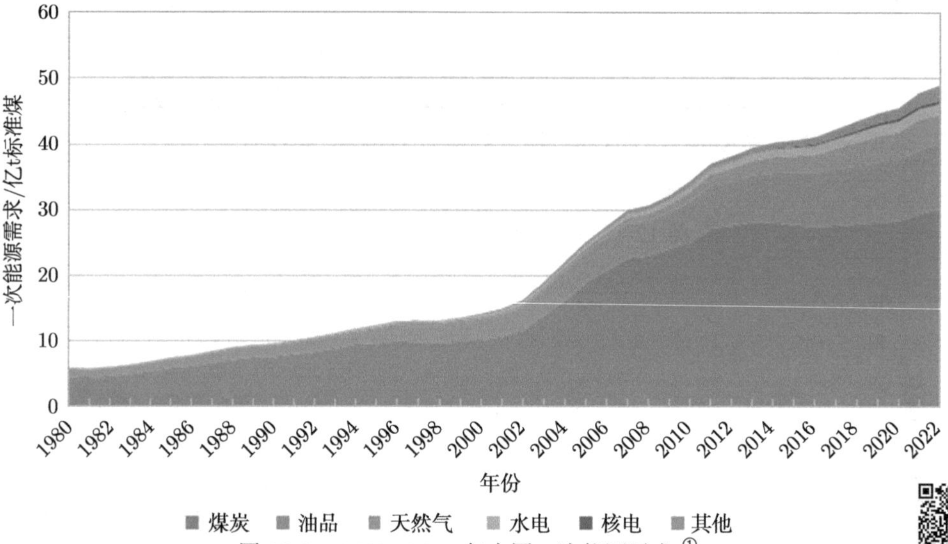

图 12-9　1980～2022 年中国一次能源需求[①]

扫一扫
看彩图

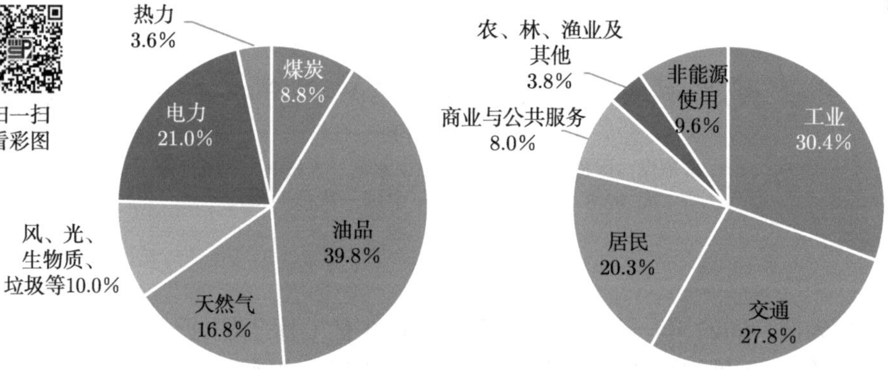

扫一扫
看彩图

图 12-10　2022 年全球终端用能品种及部门结构[②]

2022 年，中国终端能源消费量约 96EJ(其中包括非能源使用量 10EJ)。无论从能源品种看还是从行业部门角度看，中国的终端能源消费结构和全球相比都有显著差异。从能源品种角度看，第一大终端能源品种是电力，其消费量占比 28.4%，其次是石油和石油制品，占 26.5%，第三是煤炭，占 22.9%。从用能部门角度看，工业部门是第一大终端用能部门，其消费占 49.2%，其次是居民部门，占 16.3%，第三是交通部门，占 13.9%(图 12-11)。

① 数据来源：《中国能源统计年鉴 2024》。

① 比例加总不是 100%，为四舍五入修约导致。

扫一扫
看彩图

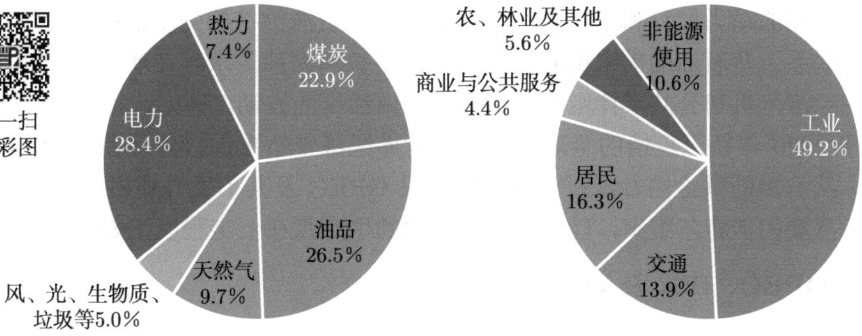

图 12-11　2022 年中国终端用能品种及部门结构

第三节　能源及碳的市场与价格

一、石油市场与价格

虽然运输成本受到供需变化影响而经常波动，但石油的运输成本平均而言，与其自身价值相比是比较低的。例如，我国进口原油的海上运输路线主要是从中东、北美及西非三地出发，2024 年其运费介于 1~4 美元/桶，而 2024 年布伦特及 WTI 原油平均现货价格为 75~80 美元/桶。因此在世界不同区域的市场中进行套利成为可能——如果日本的石油价格比美国高，美国石油生产商完全可以以低廉的运输成本将石油运至日本后再出售 (在不存在禁运的情况下)，日本石油市场超量的石油供给将会压低价格。这样的套利每时每刻都在发生，故一个高效、统一的全球石油市场得以形成，各产油国尽管位于世界的不同角落，却可以同时参加竞争，各地石油价格差异很小。如图 12-12 所示，1976~2023 年，迪拜、布伦特、尼日利亚 Forcados 和 WTI 四大标杆式的原油期货价格的走势曲线几乎重叠，呈现出完全一致的价格水平和变化趋势。

扫一扫
看彩图

图 12-12　迪拜、布伦特、尼日利亚 Forcados、WTI 原油现货价格[①]

① 数据来源：Energy Institute, 2024. Statistical Review of World Energy 2024。链接 https://www.energyinst.org/statistical-review/home，最后访问于 2025 年 3 月 27 日。

作为重要的动力燃料和不可再生的战略资源，石油价格的变动往往与经济形势、地缘政治紧密联系。从石油的需求侧看，长期经济增长和石油需求存在明显的正相关关系，同时突发的经济危机和公共事件则往往造成短期内油价的波动，例如，2008 年全球经济危机的爆发和 2020 年新冠疫情的全球流行均给世界经济带来重创，体现在油价上即为断崖式的下跌。从石油的供给侧看，石油输出国组织 OPEC 及其扩大合作机制 OPEC+ 作为石油市场上重要的卡特尔组织，能通过控制石油的生产量在一定程度上影响石油价格。

扩展阅读 OPEC、IEA 及 OPEC+

石油输出国组织/欧佩克 (Organization of the Petroleum Exporting Countries，OPEC) 是沙特阿拉伯、伊拉克等石油生产国为协调成员国石油政策、反对西方石油垄断资本的剥削和控制而于 1960 年 9 月建立的国际组织 (其成员国经过动态调整，截至 2025 年 3 月共有 13 个国家)，总部位于奥地利的维也纳。其宗旨是协调和统一成员国石油政策，维持国际石油市场价格稳定，确保石油生产国获得稳定收入。OPEC 通过调整产量来影响全球石油价格，并在市场上发挥重要的定价力量。

国际能源署 (International Energy Agency，IEA) 是一个旨在促进成员国之间的能源合作和能源安全的国际组织，成立于 1974 年，总部位于法国的巴黎。IEA 的成员国主要是工业化国家，包括大多数发达国家。IEA 的任务是监测能源市场、提供能源政策建议、应对紧急能源情况以及推动清洁能源和可持续发展。IEA 还定期发布能源市场和预测报告，对全球能源形势进行分析和评估。

石油输出国组织 +/欧佩克 +(OPEC+) 是 OPEC 与一些非成员国建立的合作机制，旨在调节全球石油市场供需平衡和稳定油价。OPEC+ 的形成可以追溯到 2016 年，当时 OPEC 与一些非 OPEC 石油生产国 (如俄罗斯) 达成了合作协议。这个联盟的目标是通过调整产量来控制全球原油供应，以支持油价稳定。OPEC+ 的成员国在一系列会议中商讨和决定产量调整的措施。这种合作机制对全球能源市场产生了显著影响，并且在调控石油市场方面扮演着重要角色。

二、天然气市场与价格

在美国，由于页岩气开采技术的逐渐成熟和较为自由的市场竞争，天然气价格持续保持低位，以至于如果美国天然气厂商仅经营天然气生产一项业务的话，很难维持盈亏平衡。那么，为什么美国厂商仍然大量生产天然气呢？美国厂商能以更高的价格将天然气售卖到其他国家以获取更多的利润吗？要回答这些问题，就要从天然气市场与石油市场在供给侧的相互关系和天然气的特性说起。

天然气常常与石油伴生，因此在厂商受到高昂原油价格的吸引而开采石油时，也会相应地开采并生产出部分天然气。石油市场和天然气市场最大的区别就在于，石油因其低廉的运输成本很容易在全球范围内进行贸易，因此形成了一个全球性的、价格统一的世界石油市场，然而天然气则相反。目前存在管道天然气 (PNG) 运输、液化天然气 (LNG) 运输和压缩天然气 (CNG) 运输三种主要的天然气运输方式，PNG 运输最为稳定、有效，但管道建造投资成本巨大；LNG 罐车/船舶运输的单车/船运气量大，但液化流程复杂，液化工厂/港口建设投资大、成本高；CNG 罐车运输的单车运气量小，尽管相比 LNG 来说流程简单、成本低廉，但受到规模和运输距离的限制，只适用于小规模市场间的天然气运输。

由此可见，天然气运输相比石油运输来说在技术要求上更为复杂、成本投入上更为高昂，其运输成本相对价格来说较高，因此并不存在一个与原油市场类似的价格统一的全球天然气市场，各区域的天然气价格较为孤立 (图 12-13)。尽管东亚天然气价格比美国高得多，但美国石油天然气厂商在开采出天然气后，受到运输成本的限制而难以将其以低廉的成本运输到大洋彼岸的日本销售。因此，全球范围内的各个天然气市场是相对割裂的，各地的天然气价格差异较大，2008 年之后美国的天然气价格一直系统地低于欧洲和亚洲的天然气价格。

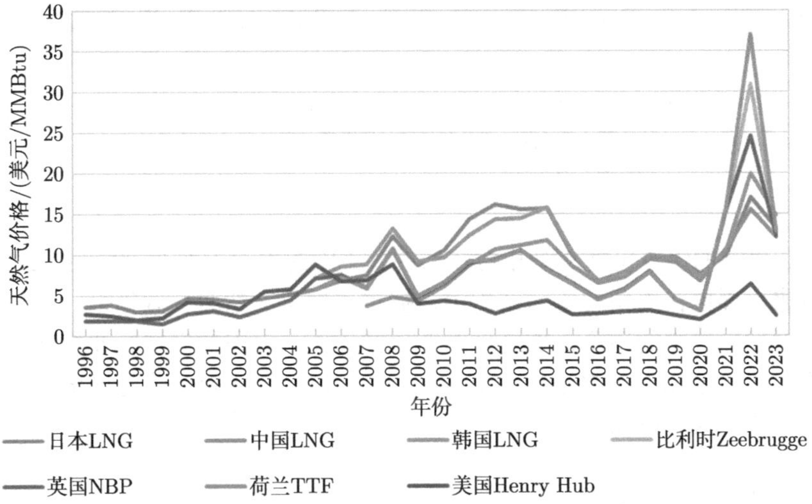

扫一扫
看彩图

图 12-13　部分国家天然气价格①

扩展阅读 天然气贸易中的照付不议

国际上进行天然气长期贸易的一个惯例条款是“照付不议”(take or pay)，这一条款是指在市场变化情况下，付费不得变更：用户用气未达到此量，仍须按此量付款；但供气方供气未达到此量时，要对用户作相应补偿，通常是在一定期限内进行用气补提。照付不议合同是项目公司与项目产品的购买者签订的长期销售合同，其核心目的是保障供气方的长期稳定收益。

三、煤炭市场与价格

相比石油和天然气，煤炭的国际贸易量更加小，影响煤炭价格的因素更多的是局限于区域的供给和需求。然而，尽管世界各地煤炭价格水平有高有低，但其变化趋势是基本相同的 (图 12-14)。2008 和 2022 年，煤炭价格经历过两次大幅度的上涨，其余时间均在一定范围内波动。

① 数据来源：Energy Institute, 2024. Statistical Review of World Energy 2024。链接 https://www. energyinst.org/statistical-review/home，最后访问于 2025 年 3 月 27 日。

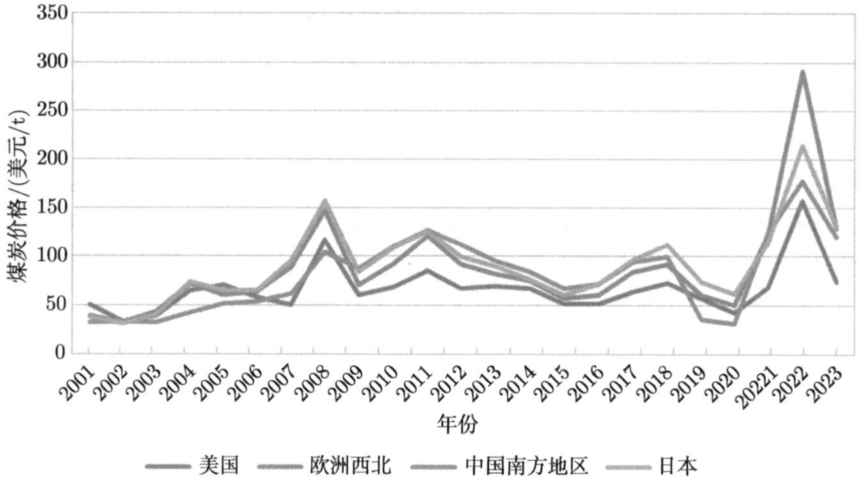

图 12-14　部分地区煤炭价格 ①

扫一扫
看彩图

分国家来看，美国的煤炭价格总是相对较低的。美国的煤炭工业在 20 世纪 20 年代便已成熟，长期以来，煤电在美国的电力结构中占据重要地位。然而，近年来，随着天然气价格和可再生能源发电成本的下降，加之气候变化的压力，美国的煤炭行业持续下行，煤电逐渐被气电和可再生能源发电挤出电力结构，但在 2025 年特朗普政府提出要支持煤炭使用，可能对未来美国煤炭市场产生一定影响。

四、电力市场与价格

在考察电力市场时，我们更多地将其分割为相对独立的国别市场甚至是国内区域市场来看待。各国电价受到其资源禀赋、电力产业发展水平、居民收入水平等因素的影响 (图 12-15)。

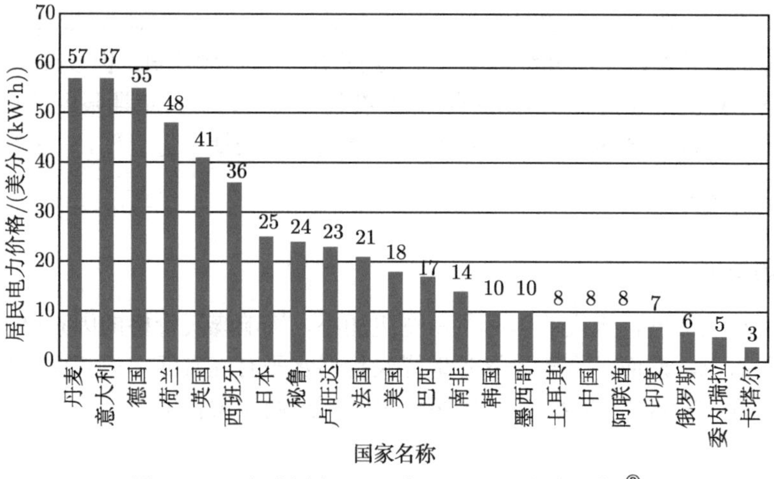

图 12-15　部分国家 2022 年 9 月居民电力价格 ②

① 数据来源：Energy Institute, 2024. Statistical Review of World Energy 2024。链接 https://www.energyinst.org/statistical-review/home，最后访问于 2025 年 3 月 27 日。

② 数据来源：https://www.statista.com/。

扩展阅读 1 能源价格与能源利用

美国能源信息署提供了居民主要能源产品的长时间序列价格数据，根据这些数据我们可以观察到美国能源产业过去半个多世纪的一些变化。

图 12-16 展示了美国 1970~2021 年 3 种一次能源原油、天然气、煤和 1 种二次能源电力的价格变化趋势，并统一了单位便于比较，表 12-1 在此基础上将过去二十年 (2000~2019 年) 中 4 种能源的价格进行平均，从而使我们能够更方便地在数值上进行比较。

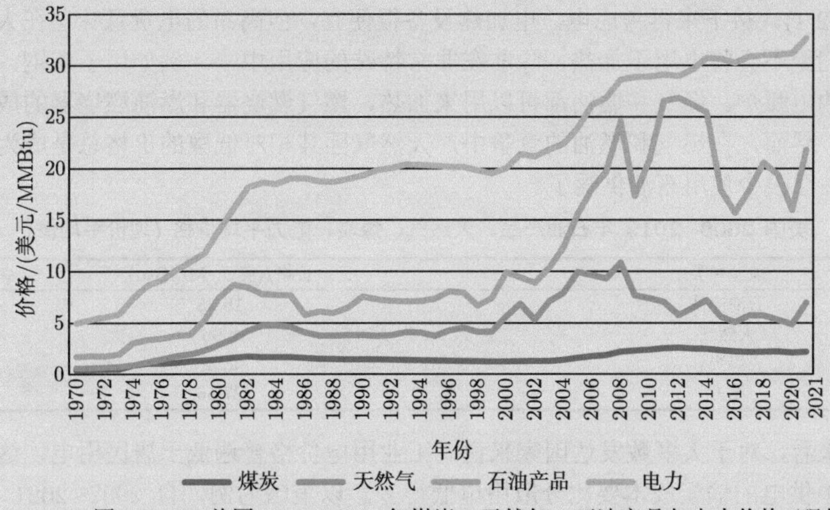

图 12-16　美国 1970~2021 年煤炭、天然气、石油产品与电力价格 (现价)

第一，电力价格比三种化石能源都要高。这主要是由于在将化石能源转化为电力的过程中损耗严重。美国约有 2/3 的电力来自天然气和煤炭，而将天然气和煤炭转化为电能的效率很低——通常转换效率只略高于 1/3，那么电力中包含的燃料成本就至少应是同等能量的天然气价格或煤炭成本的 3 倍，再加上转换过程中所使用的机械设备、人力等成本，为了盈亏平衡，电力价格必然大大高于生产电能的一次能源的价格。

第二，石油产品价格是三种燃料当中最高的。这主要是由石油作为燃料的优越性质所决定的。在物理性质上，石油产品作为液体燃料既具有很高的能量密度，又比天然气更易于存储和携带。此外，汽油、柴油等石油产品燃烧充分、无灰烬的特点满足内燃机的要求。所以，在陆地、海上和空中交通方面以及在工厂的生产过程中，石油产品都是重要的动力燃料。在现代国防方面，新型武器、超声速飞机、导弹和火箭所用的燃料都是从石油中提炼出来的。基于此，石油常常被称为“工业的血液”，其作为燃料的优秀品质使得石油价格相较于同为碳氢化合物的天然气价格要高得多。

第三，在 20 世纪 70 至 80 年代，电力价格与石油价格关系密切、变化趋势相似。这是因为在那时很大一部分电力来自石油，因此当石油价格在短期内飙升时，电力成本上升，电力价格相应也上升。然而，随着石油价格在长期内持续上升的趋势，人们逐渐不再使用石油发电，转而使用天然气、核能等能源替代。因此，进入 21 世纪，电力价格不再随着石油价格的改变而改变。

现代社会的生产生活离不开能源的使用，通过能源之间的价格比较，我们可以从成本的角度理解生活中习以为常的一些现象，从而加深我们对能源经济的认识。

各种能源的价格有高有低，它们互相之间存在竞争，我们在获取能源服务的能源品种时，会考虑到各个能源品种提供能源服务的成本。假设我们想要获得一些热量，如果忽略了非燃料成本，我们总是会选择价格最低的煤炭。然而，在不产生环境污染的前提下使用煤炭是非常昂贵的，这使得在美国使用廉价的天然气发电能够与煤炭发电进行竞争 (表 12-1)。接下来再考虑电，电加热设备很便宜，但高昂的电费意味着在大多数情况下我们绝不会将电用于加热，除非在非常特殊的应用中——例如用于炼钢，需要极高温度的电弧炉。燃气和燃油都可以用来加热，燃气燃烧器和燃油燃烧器的成本也大致相同，然而，在燃气和燃油的竞争中，天然气因其相对低廉的价格总是成为赢家，我们现在已很少使用石油供暖了。

表 12-1　美国 2000~2019 年石油产品、天然气、煤炭、电力平均价格 (现价平均值)

能源种类	价格/(美元/MMBtu)
石油产品	18.23
天然气	6.96
煤炭	2.02
电力	27.56

分用途来看，对于大多数发达国家来说，工业用电价格普遍低于居民用电，这是因为进行集中供电的输配成本要比分散用电低得多。以美国为例，自 2007~2021 年，美国工业用电价格长期维持在 7 美分/(kW·h) 左右，而居民用电却从 10 美分/(kW·h) 左右上升到 14 美分/(kW·h) 左右 (图 12-17)。我国的电力价格并没有实施完全市场化，而是通过行政指令形式限制居民电价，并形成工商业用电补贴居民用电的交叉补贴体制。

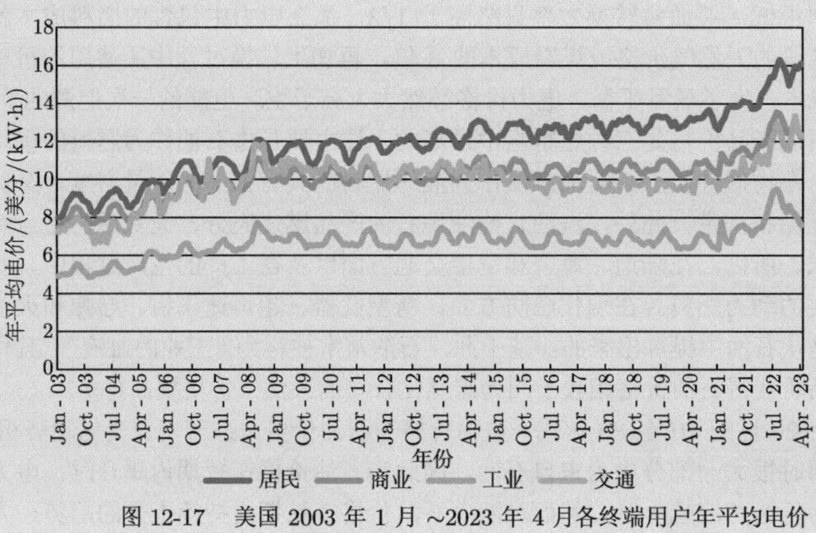

扫一扫
看彩图

图 12-17　美国 2003 年 1 月 ~2023 年 4 月各终端用户年平均电价

扩展阅读 2 我国南方区域电力市场

2002 年《电力体制改革方案》出台以前，我国电力工业按照发、输、配、售四个环节垂直一体化管理模式运作。2002 年 2 月，国务院印发《电力体制改革方案》，将竞争机制引入发电环节，逐步实现了“厂网分开”“竞价上网”。2015 年 3 月，中共中央、国务院《关于进一步深化电力体制改革的若干意见》发布，按照“管住中间、放开两头”的改革方向，部署了有序放开输配以外的竞争性环节电价，推进电力交易体制改革等重点任务。自新一轮电力体制改革以来，我国电力市场建设稳步推进，市场化交易电量比重大幅提升。目前，我国终端用电价格实行“双轨制”，即政府定价与市场定价并存。其中居民、农业等保障性用电的价格由政府统一定价；工商业等参与市场化交易的用户价格由市场交易价格、输配电价等部分构成。

南方区域历来是改革的热土，其市场经济活跃、开放程度较高，且东西部资源互补、电网联系紧密、西电东送基础坚实，具备开展市场化建设的广泛需求和条件，因此南方区域在市场化改革方面做出了许多探索。2006 年，广东台山开展了首次大用户向发电企业直接购电尝试。2013 年，广东探索以市场化手段缓解缺电难题，初步建立了电力市场交易机制。2015 年以来，南方电网公司积极落实电力市场化改革各项任务、稳步有序推进南方区域电力市场建设。2022 年 7 月，南方区域电力市场启动试运行，涵盖广东、广西、云南、贵州、海南五个省区，标志着全国统一电力市场体系率先在南方区域落地。目前，南方区域电力市场已基本建成中长期、现货、辅助服务市场紧密衔接的市场体系，初步构建了涵盖跨省、省内的“$1+N+5X$”统一交易规则体系。

从市场运行情况来看，以南方 (以广东起步) 电力现货市场为例，自 2021 年 11 月起开展连续结算试运行至今，南方 (以广东起步) 电力现货市场总体运行平稳有序，现货价格充分反映了一次能源价格走势与市场供需形势，有效发挥了发现市场价格、优化资源配置、保障电力供应和促进可再生能源消纳的积极作用。从图 12-18 可以看出，

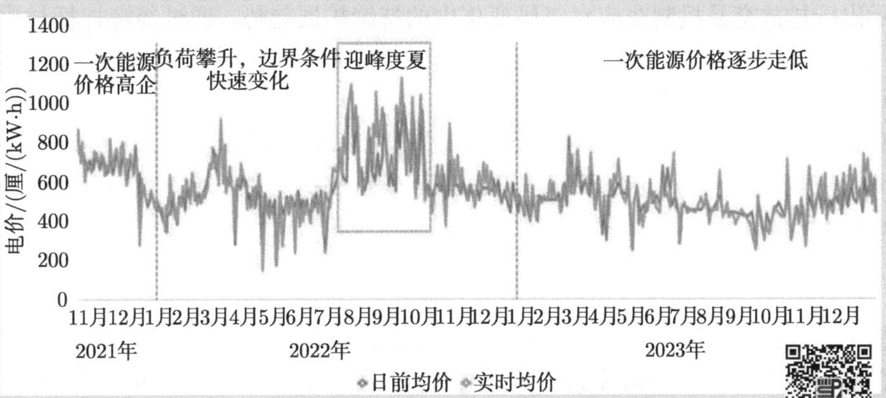

图 12-18　南方 (以广东起步) 电力现货市场价格[①]

扫一扫
看彩图

① 图片来源于广东电力交易中心发布的《2023 年广东电力市场年度报告》。

2021 年，全国范围出现了缺煤少电、多省煤炭供不应求的情况，由于煤炭价格高企，电价也呈现高位运行态势。当年 11~12 月，日前均价 (day-ahead market price, 即提前一天通过竞价交易形式的电力交易平均价格) 达 0.683 元/(kW·h)，较燃煤机组基准价上涨 48.6%；2022 年，迎峰度夏期间用电负荷创新高，随着电力负荷的攀升，电价也呈现上涨趋势；2023 年以来，随着一次能源价格的走低，电价也有所回落，全年日前均价 0.438 元/(kW·h)，较燃煤机组基准价下降 5.5%。

五、碳市场与价格

碳市场 (carbon market) 最早由《京都议定书》为促进全球减少温室气体排放提出，是以温室气体排放配额或减排量作为资产标的进行公开市场交易的市场。在实际运行中，碳市场是一种结合政府与市场力量的 “总量管制与交易”(cap and trade) 机制：政府确定总体排放量或者减排量并将其分配给 (可以免费分配或者进行拍卖) 参与碳市场的主体 (通常是排放企业)，规定各市场主体在一个时间周期内其累计温室气体排放量需要有相应的配额进行抵消，获得配额以及需要配额的企业可以在碳市场自由进行配额交易。由于大多数企业获得的配额是无法覆盖其正常生产所造成的温室气体排放的，因此纳入碳市场的企业通常面临从碳市场购买配额或者减少自身排放的经济决策。根据科斯定理，当交易成本足够低时，碳市场能够帮助市场达到一个有效率的结果：减排成本较低的企业会实施减排措施，而减排成本较高的企业将购买碳配额。

根据《Emissions Trading Worldwide: ICAP Status Report 2025》，截至 2024 年，全球共有 38 个碳排放交易体系 (ETS) 正式运行，覆盖全球 19%的温室气体排放量 (约 100 亿 t 二氧化碳当量)，涉及占全球经济总量 58%的国家和地区，同时影响全球近三分之一人口的生活区域。这些体系在 2024 年单年筹集资金达 700 亿美元，自 2007 年累计资金规模已接近 3730 亿美元。目前，全球还有 11 个 ETS 正在开发中，9 个处于规划讨论阶段，显示出碳排放交易机制在应对气候变化中的持续扩展趋势。通过经济杠杆与政策协同，ETS 不仅成为减排的重要工具，更通过资金积累为低碳转型提供了关键支持，但其覆盖范围仍需进一步扩大以匹配全球气候目标需求。

当前世界上最主要的碳市场包括欧盟碳排放交易体系 (European Union Greenhouse Gas Emission Trading Scheme, EU ETS) 和中国碳排放权交易市场 (China’s Carbon Emission Trading System, CN ETS)。

(一) 欧盟碳排放交易体系

欧盟为了实现《京都议定书》确立的减少二氧化碳排放的目标，建立了世界上第一个多国参与的温室气体排放权交易体系——欧盟碳排放交易体系，该体系从 2005 年 1 月起开始交易，到现在已经进入其运行的第四个阶段 (四个阶段分别为 2005~2007 年，2008~2012 年，2013~2020 年，2021~2030 年)。欧盟碳交易排放体系涵盖了所有欧盟国家以及爱尔兰、列支敦士登和挪威 (三个非欧盟国家从第二阶段开始加入)，参与交易的温室气体最初只包括二氧化碳，后来扩展到包括二氧化碳、甲烷、氧化亚氮、氢氟碳化物、全氟碳化物和六氟化硫，参与交易的温室气体排放量占欧盟整体排放总量的 45%左右。

开始于 2005 年的第一阶段主要是为了总结经验而开展交易，此阶段几乎所有配额均进行免费分配，参与主体只包括发电和高耗能行业，对于没有获得足够配额的排放量将征收 40 欧元/t 二氧化碳的未履约罚款，而到 2007 年底前获得的未使用完的配额将不能留存 (bank) 到第二阶段再使用。在 2006 年 4 月交易价格曾达到约 30 欧元/t 二氧化碳，但随后大家发现第一阶段设定的总配额过高，部分国家公布的报告发现其已验证的排放量甚至低于其获得的配额，从而导致交易价格急速下跌。到 2007 年 3 月，价格下降到 1.2 欧元/t 二氧化碳，9 月价格达到 0.1 欧元/t 二氧化碳，并且在第一阶段剩余时间里都保持在接近于 0 的水平。虽然第一阶段由于总配额的设定不合理而受到很多质疑，但这一阶段仍然获得了一些重要的成果，其中最重要的成果无疑是首次通过市场手段发现了碳价。

2008 年开始的第二阶段在第一阶段基础上做出了很多制度修订，包括减小排放总配额并在部分国家试行配额拍卖 (但仍有 90%的配额是免费发放)、增加三个非欧盟国家、增加交易对象 (在部分国家交易品种中加入氧化亚氮，2012 年开始增加欧盟内部航空业排放)、引入利用清洁发展机制 (clean development mechanism，CDM) 和联合履约 (joint implementation，JI) 来抵消排放额度的机制、未履约罚款提高到 100 欧元/t 二氧化碳等。由于第一阶段的剩余配额均已清空，2008 年上半年交易价格回到了 20 欧元/t 二氧化碳以上，然而随着经济危机的影响加深以及人们对未来能源价格预期的变化，交易价格在 2009 年上半年又下降到平均 13 欧元/t 二氧化碳，最终 2012 年 12 月底的交易价格进一步下降到 6.67 欧元/t 二氧化碳。

2013 年开始的第三阶段将前两个阶段针对每个国家设定配额总量的制度修改为只设定整个交易体系的配额总量 (并且每年下降 1.74%)，将默认配额分配方式从免费发放改为拍卖 (本阶段大约 57%的配额通过拍卖分配)，引入了更多的可交易温室气体，并通过新进入者储备 (new entrants reserve, NER) 项目为可再生能源和碳捕集与封存 (carbon capture and storage, CCS) 技术提供补助。虽然第三阶段针对前两个阶段发现的大多数问题进行了调整，但是直到 2018 年之前，碳价仍然维持在 10 欧元/t 二氧化碳以下，这让政策制定者意识到问题的关键——碳配额的供应并没有根据市场需求的调整而变化。长期的低价格将削弱通过碳市场推动温室气体减排的效果，因此欧盟尝试引入市场稳定储备 (market stability reserve, MSR) 制度来调节碳配额供给和需求之间的不平衡，并在 2018 年 3 月发布的《欧盟碳排放交易体制文件 2018 修订版》(*The 2018 revision of the EU ETS Directive*) 中明确了在第四阶段要减少配额过剩，一系列的改革使得碳价在 2018 年 4 月重新回到 10 欧元/t 二氧化碳之上，并于 2020 年 12 月达到 28 欧元/t 二氧化碳左右。

在 2021 年开始的第四阶段，整个体系的配额总量下降速度从每年 1.74%进一步提高到每年 2.2%，并在新提出的 Fit for 55 方案 (方案目标是将 2030 年排放量下降到 1990 年的 55%) 中计划使得配额下降速度进一步提高到每年 4.2%。在这一阶段，企业预期到更加严格的碳排放限制，导致碳价快速上升，在 2023 年 2 月 27 日达到历史最高值 100.23 欧元/t 二氧化碳，在 2024 年全年平均价格均为 65 欧元/t 二氧化碳。

(二) 中国碳排放交易市场

为了推动以二氧化碳为主的温室气体减排，中国政府提出，力争 2030 年前实现碳达峰，2060 年前实现碳中和 (上述目标通常被称为“双碳”目标或者“3060 目标”)。碳市场为处理好经济发展与碳减排关系提供了有效途径。

2011 年 10 月，中国正式启动碳排放权交易地方试点工作，当前我国共有八个地方碳市场正在运行，包括深圳 (2013 年 6 月 18 日)、上海 (2013 年 11 月 26 日)、北京 (2013 年 11 月 28 日)、广东 (2013 年 12 月 19 日)、天津 (2013 年 12 月 26 日)、湖北 (2014 年 4 月 2 日)、重庆 (2014 年 6 月 19 日) 和福建 (2016 年 12 月 22 日)。在总结地方试点经验的基础上，全国碳市场于 2021 年 7 月 16 日正式启动交易，初期纳入发电行业重点排放单位 2162 家，覆盖年排放量约 45 亿 t 二氧化碳，成为全球规模最大的碳市场。截至 2025 年 4 月 25 日，总累计成交量为 6.4 亿 t 二氧化碳当量，总累计成交额 439 亿元，平均成交价格约 68.5 元/t，市场运行总体平稳有序。

第四节　能 源 贸 易

一、参与国际贸易程度

由于资源分布、运输便利性和运输成本的差异，所以各主要的能源品种参与国际贸易的程度不同 (表 12-2)。全球化石能源储量、产量分布非常不均衡，且生产能力与需求之间存在较大程度的错配，因此有较大比例的化石能源用于出口。2022 年，用于国际贸易的石油、石油产品、天然气和煤炭分别占其产量的 51.3%、23.3%、29.9%和 19.6%。与之相比，由于电力输送需要较大规模、较长距离的电网线路建设，其出口运输成本相对较高，电力的出口贸易较少，2022 年世界电力出口量只占发电量的 2.9%。

表 12-2　世界 2022 年主要能源生产与国际贸易情况 ①

	产量/EJ	出口量/EJ	国际贸易比例
石油	188.4	96.7	51.3%
石油产品	189.2	44.1	23.3%
天然气	147.4	44.1	29.9%
煤炭	177.9	34.9	19.6%
电力	104.9	3.0	2.9%

二、区域间贸易

从石油区域间贸易看 (表 12-3)，全球主要出口区域为中东地区、北美三国 (美国、加拿大、墨西哥)、独联体国家和非洲，而主要进口区域为亚太地区、欧洲和北美三国。其中北美三国主要是内部从加拿大和墨西哥向美国出口石油，中东地区主要出口到亚太地区，独联体国家和非洲国家出口到欧洲和亚太地区的量比较接近。

从石油产品贸易看 (表 12-4)，亚太地区、北美三国和中东地区是主要的出口区域，而进口则集中在亚太地区、欧洲其他国家和北美三国。此外，亚太地区和北美三国都有比较大量的区域内贸易，独联体国家和中东地区以出口为主，而中南美洲、非洲和欧洲其他国家则以进口为主。

天然气国际贸易主要以液化天然气和管道天然气两种形式开展，2023 年液化天然气国际贸易量为 5492 亿 m^3，出口主要来自中东与非洲、亚太地区和美洲，而进口则主要流向亚太地区和欧洲 (表 12-5)。

① 数据来源：IEA。链接:https://www.iea.org/data-and-statistics，最后访问于 2025 年 5 月 14 日。

表 12-3 主要区域间 2023 年石油进出口贸易 ① (单位：万 t)

出口区域	进口区域							
	北美三国	中南美洲	独联体国家	欧洲其他	中东	非洲	亚太	合计
北美三国	24629	958	0	9511	10	67	9422	44597
中南美洲	4355	0	765	1820	290	96	6789	14116
独联体国家	162	44	1798	10512	240	84	20380	33220
欧洲其他	245	15	0	0	3	30	919	1212
中东	3284	319	1	10050	1558	491	71812	87515
非洲	2186	738	0	11449	188	473	8708	23741
亚太	17	0	0	318	29	0	7941	8304
合计	34879	2073	2564	43659	2318	1242	125971	212705

表 12-4 主要区域间 2023 年石油产品进出口贸易 ① (单位：万 t)

出口区域	进口区域							
	北美三国	中南美洲	独联体国家	欧洲其他	中东	非洲	亚太	合计
北美三国	11258	7531	1	3765	169	1220	6000	29945
中南美洲	940	0	0	310	47	235	1253	2786
独联体国家	29	767	749	5032	119	537	3454	10686
欧洲其他	2557	999	213	0	944	4060	1259	10032
中东	1340	414	18	4574	3202	4124	13714	27386
非洲	380	59	4	1307	101	109	1074	3034
亚太	1853	816	49	4352	2383	3020	25203	37677
合计	18357	10586	1034	19341	6965	13304	51958	121546

表 12-5 主要区域间 2023 年液化天然气进出口贸易 (单位：亿 m^3)

出口区域	进口区域				
	美洲	欧洲	中东与非洲	亚太	总计
美洲	138	6	28	3	174
欧洲	839	271	578	3	1691
中东与非洲	12	1	85	4	102
亚太	325	240	1180	1780	3525
总计	1314	518	1870	1790	5492

2023 年，管道天然气国际贸易量达到 6816 亿 m^3，比液化天然气贸易量高约四分之一，出口区域主要包括欧洲 (以俄罗斯和挪威为主) 和北美三国，而进口主要流入欧洲其他国家和北美三国。值得注意的是，由于管道天然气的基础设施区域属性，在北美三国和中南美洲地区的管道天然气贸易都是完全区域内贸易 (表 12-6)。

① 数据来源：Energy Institute, 2024. Statistical Review of World Energy 2024。链接 https://www.energyinst.org/statistical-review/home，最后访问于 2025 年 5 月 14 日。

表 12-6 主要区域间 2023 年管道天然气进出口贸易 ① (单位：亿 m^3)

出口区域	进口区域							
	北美三国	中南美洲	欧洲其他	独联体国家	中东	非洲	亚太	总计
北美三国	1681	0	0	0	0	0	0	1681
中南美洲	0	92	0	0	0	0	0	92
欧洲其他	0	0	2292	735	52	330	0	3408
独联体国家	0	0	2	343	4	0	0	349
中东	0	0	0	0	310	6	0	316
非洲	0	0	9	0	84	90	0	182
亚太	0	0	0	577	0	45	165	788
总计	1681	92	2302	1655	450	471	165	6816

与油气贸易相比，煤炭贸易的进出口区域都主要集中在亚太地区，其他比较重要的出口区域还包括独联体国家和北美三国，比较重要的进口区域则是欧洲其他地区 (表 12-7)。

表 12-7 主要区域间 2022 年煤炭进出口贸易 (单位：PJ)

出口区域	进口区域						
	北美三国	独联体国家	欧洲其他	非洲	亚太	其他	总计
北美三国	347	0	1442	210	2323	729	5051
独联体国家	0	495	934	135	4429	49	6041
欧洲其他	9	0	0	80	123	13	226
非洲	3	0	315	360	1476	112	2267
亚太	18	2	843	31	20520	309	21722
其他	171	0	614	19	439	473	1717
总计	549	497	4147	836	29310	1685	37024

三、中国能源贸易

虽然我国能源储量、产量较大，但是我国人口众多、经济发展迅速，21 世纪以来我国的能源产量已经不足以满足自身的能源需求。2001 年我国加入世界贸易组织 (WTO) 以来，对外贸易加速发展，能源自给率——能源自产总量占能源消费总量的比例——从 2001 年的 94.8%下降到 2016 年的 78.4%，随后有所回升，2023 年为 84.4%(图 12-19)。

分能源品种来看，虽然我国主要化石能源都有一定量的进口，但其对外依存度差异很大。由于我国能源的自然禀赋是 “富煤贫油少气”，因而我国的煤炭对外依存度相对较低，近年在 10%左右。然而，石油与天然气的依赖度则高得多，2024 年石油对外依存度超过 70%，天然气对外依存度也超过 40%。

能源进口结构通常受到运输成本 (包括基础设施建设成本) 和贸易稳定性 (包括地缘政治关系) 等因素影响。2023 年，我国进口煤炭主要来自印度尼西亚、俄罗斯和蒙古国等海陆邻国；进口原油主要来自俄罗斯和沙特阿拉伯等；进口液化天然气主要来自澳大利亚、卡塔尔和俄罗斯，进口管道天然气完全来自土库曼斯坦、俄罗斯、哈萨克斯坦、缅甸和乌兹别克斯坦五个国家 (图 12-20)。

① 数据来源：Energy Institute, 2024. Statistical Review of World Energy 2024。链接 https://www.energyinst.org/statistical-review/home，最后访问于 2025 年 5 月 14 日。

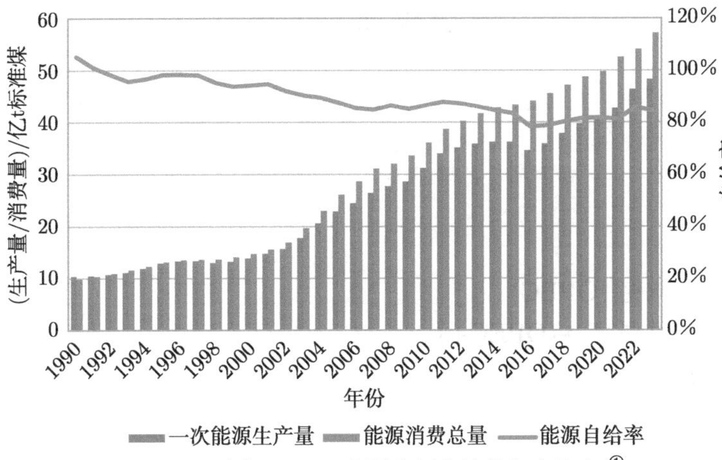

扫一扫
看彩图

图 12-19　中国能源产销量与自给率 ①

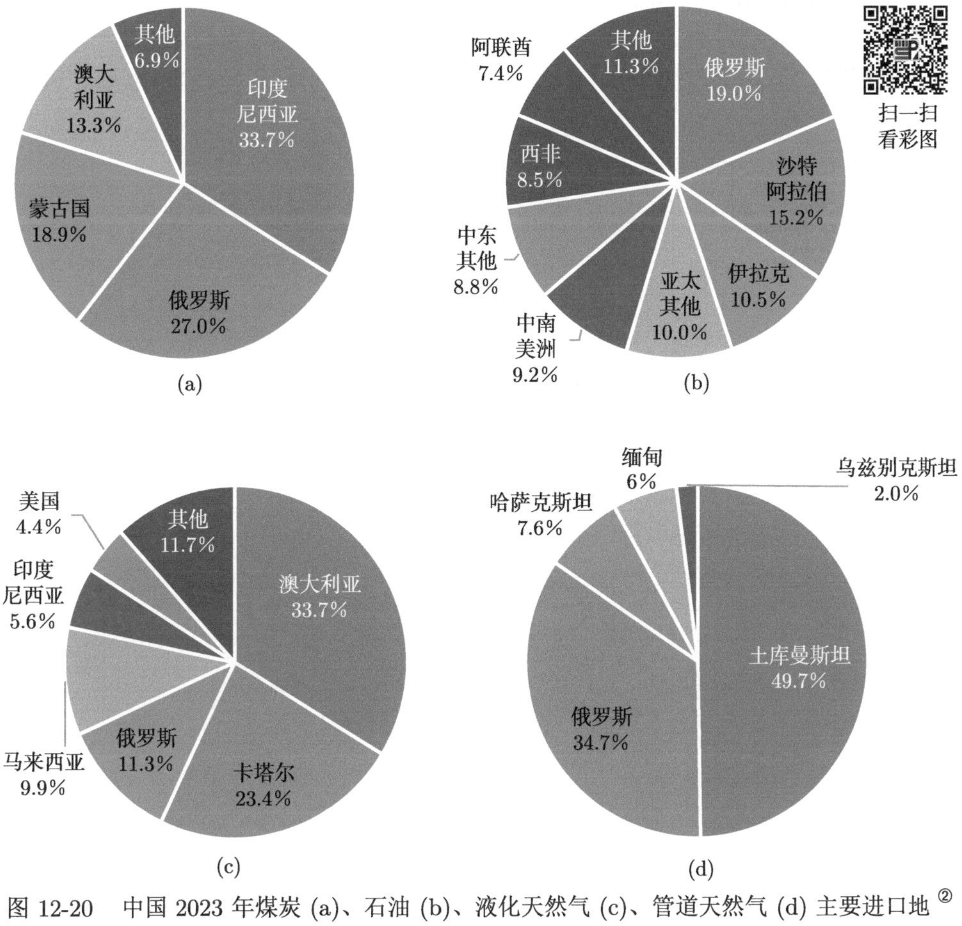

扫一扫
看彩图

图 12-20　中国 2023 年煤炭 (a)、石油 (b)、液化天然气 (c)、管道天然气 (d) 主要进口地 ②

① 数据来源：《中国统计年鉴》。

② 数据来源：Energy Institute, 2024. Statistical Review of World Energy 2024。链接 https://www.energyinst.org/statistical-review/home，最后访问于 2025 年 5 月 14 日。

关 键 术 语

能源不平等
能值
一次能源供应总量
一次能源需求
终端能源需求
石油输出国组织/欧佩克 (OPEC)
石油输出国组织 +/欧佩克 +(OPEC+)
国际能源署 (IEA)
照付不议
碳市场
欧盟碳排放交易体系 (EU ETS)
中国碳排放交易市场 (CN ETS)
能源自给率
对外依存度